頂級咖啡師　專業養成研習

瑞昇文化

CONTENTS

Whose works is this Latte Art?

為了提升咖啡師的專業技能、學習最新知識以及籌設咖啡店等目的，特別為咖啡師舉辦了各項研習活動。有些人為了加強基礎能力而來，有人則懷抱著和其他參加者交換資訊的目的而來。此乃少數人參加密集專業研習後的體驗報告。

REPORT ON BARISTA SEMINAR

咖啡師育成研習
以專業對象為主的咖啡專題研習

strada 研習會

ucc 咖啡學會‧
專業級課程

FMI 咖啡師研習會

FBC 萃取研習會

專業級濃縮咖啡研習

saeco 專業級咖啡師
培育課程

strada 專業研習

LUCKY-CREMAS（株式會社）

由知名咖啡師·門脇兄弟親自傳授最受 矚目之新商品「strada」的使用方法！

LUCKY-CREMAS的咖啡機，從總公司的「BONMAC」品牌，以及擴及海外的「LA MARZOCCO」、「BUNN」、「Macco」等各種品牌，一應俱全。

2011年11月11日，LUCKY-CREMAS（股份有限公司）在東京展售中心（東京都大田區）舉辦了義大利濃縮咖啡機製造廠LA MARZOCCO公司的新商品「strada」之實際操作研習活動。

所謂「strada」是由當今頂級咖啡師和咖啡大賽冠軍等人所組成的專業組織「LA MARZOCCO街頭小組」中多數人所提出的共通意見製造而成的濃縮咖啡機。標榜著「咖啡師們專為咖啡師所設計的機器」頭銜，自2010年在倫敦舉辦發表會以來，日漸受到世人矚目。

研習會當天，除了剛開始在國內銷售的LUCKY-CREMAS公司進行商品的說明之外，也邀請2005年在西雅圖WBC（世界咖啡師大賽）中獲得優勝的門脇洋之（CAFÉ ROSSO負責人）和日本咖啡師大賽中獲得兩次準優勝的弟弟門脇祐二（CAFFÉ VITA負責人），進行一場實作的講習課程。

講習課程是由知名咖啡師門脇兄弟親自傳授機器操作的研習，機會相當難得，因此與會的咖啡相關業者20多人，無不把握機會積極地發問。以前大部份的半自動機器，基本上都設定成任誰都能在安定的狀態下萃取的「9氣壓」，但「strada」則具備可自行控制氣壓及萃取時間等功能設計，能輕易地展現咖啡師的技巧及獨特個性。因此，在國內引起相當大的話題。

「strada」分為
MP和EP兩型！
「strada」分為機械操縱桿
（MP）和電子可變操縱桿（EP）
兩種機型。MP能機械性地直接控
制水流量和水壓。EP則具有更進
一步控制水壓的電腦程式設計。透
過電腦程式設定的水壓標準化，可
重覆進行相同的萃取動作。

擺脫「9氣壓最好喝」
的刻板思維，
自由地發揮創意
素來有「9氣壓最好喝」的說
法，所以不管是誰都會將萃取
基準設定於9氣壓左右。但因
為「strada」可以有效地控制
氣壓，不設定9氣壓為基準的
人，反而能發展出屬於自己獨
特的萃取方法。

人手不足
忙碌時，
建議使用MP
在重視咖啡品質的咖
啡店裡，若人手足
夠，能由專門一人來
負責確認萃取狀態，
我建議可選擇使用
EP。反之，因人手
不足而沒有充裕時間
確認萃取狀態時，最
好能以機器替代人力
之不足，則建議使用
MP較為恰當。

能自由地控制抽出壓力！
不論MP或EP，在萃取過程中
都能透過操縱桿使萃取壓力升
高或降低。

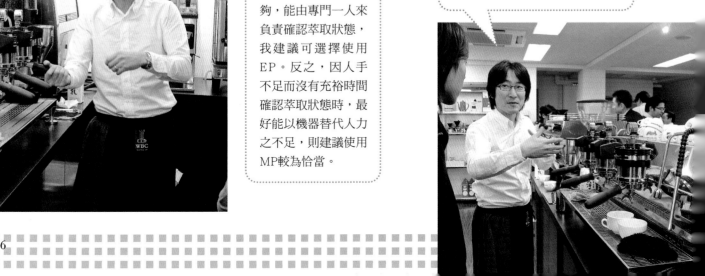

能自行設定電腦程式！

若控制水壓的程式設計保存於USB記憶體內，只要修正數值數據，就能完成屬於自己的電腦程式，這是EP厲害之處。偶然間萃取出美味獨特的濃縮咖啡時，只要將此時的萃取壓力、溫度或時間等記錄下來，就能進行壓力分析讓美味重現。

能展現個人功力，適合專家的新機型

就算用同樣的咖啡豆，EP可以萃取出至今機器無法呈現的美味。雖然必須進行微妙的調整，要熟練操作並不容易，但我認為對於講究獨特味道的咖啡師來說，卻非常合適。

能呈現細緻的口感

深焙咖啡豆若萃取足30cc易出現雜味。因此，僅使用最初萃取的美味部份，能呈現葡萄柚皮的味道為佳。若酸味太弱，混合牛奶時則無法透出甜味。

每一沖煮頭都能改變抽出壓力和溫度

一個沖煮頭都會對應一個蒸氣鍋爐、一個齒輪幫浦。所以，EP一式三組的沖煮頭，每一組都能改變其抽出壓力和溫度。

Lucky Coffee Machine 的官網。http://www.lucky-cremas.co.jp

UCC 咖啡學會
專業級課程（平日密集課程）
UCC HOLDINGS 股份公司

透過專家具體的講習
體會「陶醉於咖啡世界」的真實感

　　「UCC咖啡學會」依照不同的需求，從初學者到希望開業者，為廣泛的咖啡愛好者舉辦各種講座。「從杯子到莊園」透過不同領域的專家講座，有系統地針對咖啡的各種知識進行講習，吸引了來自全國各地的學員。

　　講座內容分為：講述咖啡基本概念的「基礎課程」、應用深度知識及技術的「專業級課程」，以及區分領域以職人為目標的「達人課程」等3種。這次則選錄8次專業級課程中的最後2次為報導內容。

　　首先，實作的內容以萃取卡布奇諾、調和咖啡、操作家庭用濃縮咖啡機三部份進行。先以4、5個人為一組，由各講師詳細進行指導。萃取卡布奇諾的實務課程中，以營業用咖啡機實際進行萃取咖啡到製作蒸氣奶泡的一貫作業，透過實作感受牛奶漂浮在杯中的感覺。在調和咖啡時，以操作簡單卻能呈現視覺之美的技術為主，傳達基本萃取的重要性。此外，操作家庭用咖啡機的課程中，利用一些小訣竅竟能調配出和營業用咖啡機相同美味的咖啡。

　　透過不同的用法，大大改變最後的結果，就算在家裡也能自己動手做出美味的咖啡。講座的最後分成六組進行競賽。搭配主要的甜點進行咖啡豆調配和裝飾競賽，更能加深包含萃取在內，有關咖啡特徵及味覺呈現的理解程度。在一派和諧的氣氛中，進行實際「陶醉於咖啡世界」的課程，才是咖啡學會的主要宗旨。

牛奶飽含空氣地全面攪拌

蒸氣的壓力除了能讓牛奶飽含空氣之外，也能進行整體攪拌的動作。儘量攪拌出綿密細緻的泡沫，才能做出口感滑溜的奶泡。

攪拌完成後的奶泡必須立刻注入

攪拌完成後的奶泡很快就會呈現泡沫和液體分離的現象，所以不可擱置，必須把握時間立刻注入。奶鋼杯口前端靠近咖啡杯後注入，此時牛奶會浮起，呈現意想不到的驚喜。

陶醉於色、香、味的咖啡世界

基礎的飲品中，加入創意才是調和咖啡的醍醐味。最後加上少許有趣的設計等，能呈現出令人愉悅的感覺。

咖啡基底能調和不同變化

要活化調和咖啡，前提必須做出基底濃縮咖啡及牛奶確實的味道。仔細地萃取咖啡或牛奶，搭配材料計算時間非常重要。

家庭用咖啡機以豆子研磨粗細及咖啡粉量為基本

就算機型不同，最重要的還是豆子研磨粗細及咖啡粉量。基本上咖啡機和磨豆機是一組的。為了補足蒸氣力，可以來回攪拌協助之。

一般流通豆的定價方式

依據瑕疵程度、豆形大小、產地高度來決定等級和價格。

搭配甜點進行調和咖啡競賽

以搭配甜點進行咖啡調和並發表作為學習的總結。先了解甜點的味道之後，再挑選豆子，從6種咖啡豆和烘焙程度不同的2種咖啡豆中選擇，決定配方比例後，最後確定要做熱咖啡或冰咖啡。除了選擇咖啡萃取的方式，也要挑選搭配的咖啡杯組。

各團隊演示後，課程圓滿地落幕

每一團隊針對自己的甜點搭配提案，發表選擇動機及萃取方式的理由。審查萃取的咖啡味道，將課程中所學的專業內容，進行整體的發揮。

UCC的官網。http://www.ucc.co.jp/academy/index.php

咖啡師專業研習
義大利濃縮咖啡講座 F・M・I株式會社

以營利的角度，涵蓋基礎概念及
提升專業水準的課程內容

　　從事各種廚房器具進口銷售的FMI公司，舉辦了許多有關於甜點、冰淇淋、咖啡的研習活動。與咖啡師直接相關的研習課程包括濃縮咖啡的基礎知識和實際手作義大利濃縮咖啡講座、提升吧檯服務研習等。

　　義大利濃縮咖啡講座包含義大利濃縮咖啡的相關知識、吧檯流程概念、濃縮咖啡的4M＝4要點，以及解說濃縮咖啡機。在實際操作方面，包含濃縮咖啡的萃取、蒸氣奶泡的作法和卡布奇諾的製作方法。

　　課程中也介紹了使用攪拌器的調和咖啡項目。雖然是基礎的課程內容，但作業過程中可以清楚地了解咖啡杯的握法、適合卡布奇諾的牛奶，以及如何不用溫度計就能測量出蒸氣奶泡溫度的訣竅。

　　提升吧檯服務的研習是以使用Chinbari公司濃縮咖啡機的店家為對象，以濃縮咖啡和卡布奇諾為主所進行的技術講習。磨豆機的設定和卡布奇諾的拉花作法等，直接以更適合營業現場的需求為研習內容。很多人索性帶著營業時使用的填壓器和奶鋼杯來到現場實際操作。

　　這次就以義大利濃縮咖啡講座內容進行報導。

濃縮咖啡的多樣化

「濃縮咖啡乃調和咖啡之母」的說法原是由日本人發想出來的。所以，有時會單純以過濾器萃取，萃取的方法也很多樣化。

全自動或手動

全自動機器的優點就是：不管誰操作都可以做出相同的味道。手動型機器雖然需要練習，但每一杯萃取出來的咖啡都能成為招牌。磨刃分為錐式刀盤和平行式刀盤，只研磨該次需要量的需求型磨豆機也全新上市。

Chinbari 的特徵

Chinbari 的咖啡機被公認是不易因填壓而產生差異的機種。

聲音是重點

管嘴約2～3mm，倒入牛奶後就開始蒸氣氣泡，此時所發出的聲音是重點。壺裡的牛奶會因為對流而產生氣泡。

安裝托架

為了維持過濾器的熱度，同時要設定萃取後的咖啡渣也能掉入的狀態，因為咖啡渣可以有效地去除金屬味道。

清除填壓後的粉末

過濾器潮濕時粉末無法進入，所以，必須先清掉填壓時卡在過濾器邊緣的粉末才能安裝就定位。如果帶著粉末安裝，可能導致漏粉及墊片損傷。

綿密細緻的奶泡

蒸氣奶泡的最佳溫度約65℃。注入咖啡杯之前，先讓奶泡在鋼杯裡旋轉，就能形成極細緻的泡沫，透過打轉的動作能做出具有光澤、濃稠的牛奶。

以手測試牛奶的溫度

以雙手握住奶鋼杯，覺得熱的話就先弄清楚是幾度，接著再看持續蒸氣幾秒後會成為65℃。如此就算不用溫度計也能每次都做出相同溫度的牛奶。

活用攪拌機

以碎冰攪拌機做成的冰卡布奇諾是利潤很高的飲品。此外，利用雪克杯作成的飲品也很多，濃縮咖啡做成的調和飲品種類非常多樣。

F.M.I的官網。http://www.fmi.co.jp

萃取技術研習

（FBC國際公司）

為了更深刻了解咖啡「背景」而學習的
基本萃取法和表現法

　　FBC國際公司舉辦了各種適合初學者和專業職人學習的咖啡相關課程。其中在「萃取研習」的課程中，特別聘請實際深入咖啡產地進行咖啡豆採購的土屋浩史先生擔任講師，進行實際萃取技術以及和產地相關資訊的研習課程。

　　該研習不以培育萃取達人為目標，而是以咖啡師或咖啡相關行業的職人為對象，針對咖啡素材、味道和生產背景作更深入的了解，繼而在自己的本業上有所助益為目的。土屋先生認為「咖啡的品質很好，但業界端卻無法順利地將其商品化，所以專業人士必須成功地將其優點傳達給客人」。因此，每次和咖啡相關的學習和講座，都將重點聚焦於咖啡的萃取。

　　講座時間約50分鐘，第一堂課介紹咖啡豆從生產到成品的流程，第二堂課則介紹美國咖啡的歷史，第三堂課中輔以投影機播放照片來解説咖啡產地瓜地馬拉的現狀。

　　這些知識背景，關係到向顧客説明的內容深度，當然也希望萃取時能向顧客説明該咖啡豆的優點。因此，課程以咖啡萃取的基本技巧、感受味道的方法及表現法為主要學習內容。

　　一次的研習活動約3個小時，預定5～6次就可以將內容輪完一遍。採取小班制，課堂氣氛非常融洽，有疑問可以隨時提問。一個月進行一次，參加費用一次為10500日圓。

記錄現磨咖啡豆的感覺

這次將萃取瓜地馬拉的8種咖啡豆。因為事先並沒有告知產地何處，全憑學員的直覺感受來判斷。首先研磨4種咖啡豆，在乾燥的狀態下嗅聞其香氣，並將感覺記錄下來。透過嗅聞豆子的香氣來感受加了熱水後咖啡的香氣變化。即使是「很清淡」或「充滿青草味」等感覺都必須記下。

以嗅覺感受
沖泡熱水後的變化

11g咖啡粉對應220cc熱水。咖啡粉為中粗顆粒，將鼻子湊近咖啡杯上方，仔細嗅聞加了熱水的咖啡，就能明顯感覺加了熱水後的咖啡香氣和乾燥狀態時的咖啡香氣完全不同。此時不需在意顏色如何，只要專注於嗅覺的感受即可。

使其「突破」
即可完成萃取

擱置4分鐘後，以咖啡匙深入杯底攪拌咖啡粉，進行所謂的「突破」行為，即可完成萃取。這次一律攪拌3次，主要目的是希望在誤差最小的相同條件下進行比較。然後去掉表面的泡沫，趁熱趕快嗅聞萃取液的香氣。為了找出完美的「香氣」而進行萃取，請試著探索味道裡潛藏著什麼樣的特質吧！

掌握萃取液整體的味道

稍微冷卻之後，就能夠確認味道了。以湯匙汲取咖啡約半匙量含於口中，感受咖啡在口中擴散開來的感覺。然後再整口喝下以掌握整體的味道。大致感受整體的味道之後，要體會較細緻的味道就比較容易了。

隨著溫度變化感受味道的變化

隨著時間經過，對味道進行多次確認後，就能感受咖啡味道隨著溫度產生的變化。最初感受到的是苦味，冷卻後就容易感受到甘味。雖然要以單詞或句子來形容有點困難，但可嘗試以最簡單的詞彙紀錄。

例舉一種喜歡的咖啡豆，鍛鍊自己的說明能力

各位學員、如何呢？請告訴我們你最喜歡的味道是哪一種呢？有什麼樣的優點呢？就算同樣是瓜地馬拉豆，也可能有不一樣的感受吧！這是了解素材的第一步。接下來若改變烘焙或滴落方式等，萃取將會更有難度。

專業級
濃縮咖啡研習
（小川咖啡株式會社）

學習超級咖啡師的精湛技術及
縝密思維的小班制課程

　　小川咖啡株式會社（總社・京都市右京區）在東京・京都・名古屋等地設立會場，以預備開業者及準備成為咖啡師者為對象，舉辦了濃縮咖啡的研習課程，內容依照熟練程度分為一級和二級兩種。

　　一級課程內容以濃縮咖啡的基礎知識為主，包括濃縮咖啡和滴落式咖啡的差異、飲用法的特徵、咖啡歷史、咖啡師的職責，以及濃縮咖啡和卡布奇諾的試飲體驗等。

　　二級的課程內容則更趨向於專業化，屬於有系統地學習有關濃縮咖啡的知識及技術的實作型研習。講師則聘請榮獲日本咖啡師錦標賽08～09年冠軍、世界拉花大賽2008年第三名的岡田章宏咖啡師。

　　岡田咖啡師認為要萃取理想的濃縮咖啡，必須增加能夠詮釋理想味道的詞彙。此外，藉由穩定咖啡量、填壓力道的技術，調整顆粒粗細來提高控制能力。不要侷限於向來所認為的25秒萃取25cc之理論，而傾向以豆子的現狀來決定粗細、份量，繼而萃取適當咖啡量是咖啡師的本事。至於卡布奇諾則先以追求美味為基本技術，雖然有一些討人喜歡的拉花技巧，但若不重視咖啡本身的味道反而背離了食物業的本質。因此，岡田師傅也依據專業技術的程度進行8～10人的小班制研習課程。

　　這次則以名古屋會場所舉辦的二級課程內容進行紀錄報導。

咖啡豆每日都在變化中

磨豆機的刻度不要固定，即使是相同的豆子基本上也必須每天調整刻度。

身體就是計時器

為了產生速度讓一定的粉量落入過濾器中，必須多拉幾次把手桿，用身體記住其律動才是專業。

兩階段填壓

第一階段為輕柔擠壓，以平行擠壓為主。以拇指和食指輕握住填壓器略微施壓即可。

外側必須堅硬

第二階段的填壓動作必須用力。最後要稍微扭轉使粉餅外側堅硬，避免產生氣溝現象。

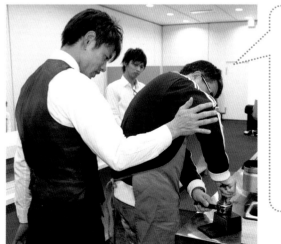

蒸氣噴嘴的深度很重要

短時間內將牛奶透過蒸氣打出份量感之後切換至對流狀態，對流是靜態的。我認為簡單的動作較能確保穩定。

第一杯、第二杯的注入方式

第一杯和第二杯從奶鋼杯注入咖啡杯中的牛奶泡沫不同，所以必須改變注入方式。

注入口不可上下晃動

奶鋼杯的注入口不可上下晃動，避免奶鋼杯中的奶泡又還原成液體狀。

三者皆須保持平穩

咖啡量、牛奶和注入，此三者若不穩定，咖啡杯也會不平穩。請平穩地進行拉花練習吧！

謹慎小心為上策

拉花動作若過於緩慢會導致奶泡的平衡感崩解而使味道低落，所以要特別小心謹慎。

觀察奶泡狀態

奶泡形式不完整會導致牛奶稀薄，無法順利拉花。

充份混合後再注入

蒸氣奶泡若無法充份混合，底下也無法混合。

Saeco 濃縮咖啡研習
專業咖啡師培育課程（富士產業株式會社）

從濃縮咖啡的基本知識到萃取方式、卡布奇諾的實作技術

富士產業原是義大利Saeco公司的契約廠商，2011年10月開始成為日本的總代理商，進口Saeco產品販賣銷售。位於義大利波羅尼亞的Saeco總公司，目前在全世界60個國家銷售咖啡機，歐洲的市場佔有率也高達38％。

富士產業所販賣的咖啡機種用途廣泛，從家庭用到營業專用一應俱全。為此，在大阪共舉辦了30場以上的課程，內容包括如何利用家庭式咖啡機享受美味咖啡的基礎解說課程（免費），以及體驗半自動濃縮咖啡機，學習如何調配咖啡的專業養成課程（付費）。而且，從2011年11月開始，在東京也舉辦了專業咖啡師的培訓研習，適合準備開業的咖啡業者以及咖啡品項檢討的專題講習課程。

講師是世界Saeco所認可的專業講師。延續濃縮咖啡的基本知識、半自動濃縮咖啡機的基本操作講習之後，進行萃取濃縮咖啡、製作蒸氣奶泡、製作卡布奇諾的實際體驗。

在實習中，能親身去體驗關鍵性的重要動作，包括填壓的重點、製作奶泡的重點等各種不同的步驟，都以實際基本動作來詳細解說「為什麼要這樣做」，因此更能讓人理解其中原理。此外，也請來風味糖漿及ESPUMA公司的負責人，實際演練多樣化的咖啡飲品調配。

此次以東京舉辦的專業人員培訓課程進行報導。

熟悉濃縮咖啡的評比重點

黃金油脂泡沫顏色轉濃時,會產生極細膩的香氣,即使加了砂糖也不改變其本身的味道,入口後能感受深沉濃郁的後韻。依據5大評比要素,咖啡豆的粗細、粉量、填壓都會影響萃取時間,也會讓味道產生變化。能精確掌握這些要素,萃取出最棒的一杯咖啡,就算得上是專業了。

牛奶的溫度改變卡布奇諾

60℃的牛奶打成奶泡,會因為牛奶的甜味而成為味道豐富的卡布奇諾,在歐洲有時使用50℃的牛奶。若加溫至65℃,雖然只差5℃,牛奶的風味也會增加。

以3:7進行練習

奶泡的練習從製作「泡沫3:牛奶7」的蒸氣奶泡開始為佳。

以眼睛目測、以耳朵確認

將一定的牛奶量注入奶鋼杯時,以眼睛進行精準的目測也是專業的行為。

填壓的基本概念和意義

為了水平地進行填壓,要了解填壓器的位置、手肘的形狀和方向等,也要知道這些基本動作的意義。

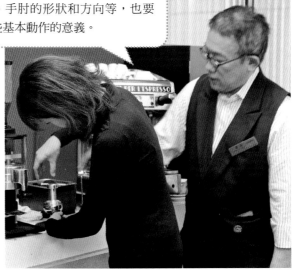

杯子的位置也很重要

濃縮咖啡若垂直地注入杯子中央底部會導致泡沫消失，稍微沿著杯子側面注入則可產生泡沫。注入糖漿時也會因為對流而較易混合。

義大利調和咖啡的思考方式

以天然的阿拉比卡為基底，添加羅布斯塔，再以水洗阿拉比卡調和是傳統的作法。

全自動機器也不斷進化

這台「Excelsis」是全自動機型，可以同時設定濃縮咖啡、拿鐵、卡布奇諾等6種飲品，透過按鈕操作可以做出36種不同味道的咖啡。具有自動洗淨牛奶注入口等簡單的保養設計，即使忙碌時段也能輕鬆應付。

善加利用調和糖漿

特拉尼公司所生產的調味糖漿，因為糖度低，能活化咖啡的味道，大大擴展了調和咖啡的種類。作為基底要變化出其他飲品也很容易。

超具話題性的慕斯泡沫

使用東邦化學的專用調合器，可以使鮮奶油瞬間轉成泡沫狀。添加調味糖漿後，咖啡也可以當作甜點提供。

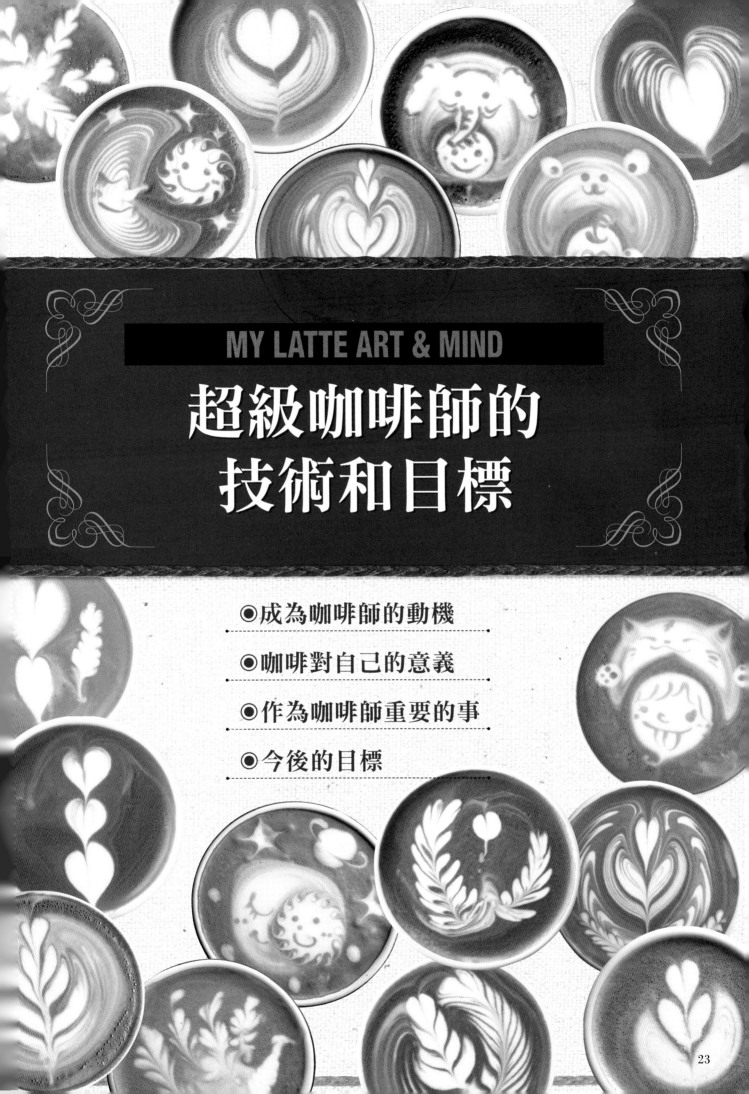

MY LATTE ART & MIND

超級咖啡師的
技術和目標

◎成為咖啡師的動機

◎咖啡對自己的意義

◎作為咖啡師重要的事

◎今後的目標

山本知子 小姐

京都・長岡京市

Unir 長岡天神店

除了烘豆和販賣，同時也擔任長岡天神店管理者的山本小姐。她為了將咖啡的優質美味如實地傳達給客人，不斷磨練自己的技術，希望自家店的咖啡和服務品質都能提高。

基於想讓「蒸氣奶泡呈現出漂亮感覺」的想法而使用鐵氟龍加工的奶鋼杯。容易洗淨也是其優點之一。

最初使用的填壓器是環形的「VIVACE58」（上）。現在則使用邊緣圓形且不易形成氣溝的平面填壓器。

烘焙豆子的必備工具，質地輕薄，是巴西特種咖啡協會指定的款式。

中村真悟先生

Unir 長岡天神店

中村先生擔任咖啡師雖然只有兩年多，但近年來在各種比賽場合不斷地展現其卓越的實力。不僅現場展現研磨的技術，呈現咖啡獨特的美味，更希望透過對素材的深入了解，讓客人充分信賴。

中村先生令人憧憬的填壓身影，他初次選用的填壓器「REG BARBER」C平底款，到現在仍繼續使用著。

奶鋼杯是「Rattleware」製造，底部平坦的不鏽鋼杯。注入口處呈現反折形狀，液體不易濺出，能夠平順地描繪出弧形線條。

山本知子 小姐

京都・長岡京市

Unir 長岡天神店

自詡是咖啡產地和顧客間的橋樑，為傳達咖啡美味而存在。

咖啡師是「咖啡傳達大使」

正當『Unir』開店之時，山本小姐正由花卉園藝相關的行業轉換跑道。當時對咖啡並沒有太多的想法，但偶然邂逅了獨特而美味的咖啡後，內心的想法有了很大的改變。雖然沒有任何飲食業的相關經驗，但開店之初也以咖啡機提供來店裡買豆子的客人咖啡飲品。開始以「雖然喝的是濃縮咖啡，卻能勾引出特種咖啡豆最極致的魅力」作為咖啡師入門的服務項目之一。

長岡天神店開幕之後，除了咖啡豆的販賣和烘焙之外，還身兼店長的管理業務。山本小姐希望「客人在這裡喝完咖啡後，能感受到不同的酸味，若能改變咖啡苦澀的印象更好」。今年也首次造訪咖啡產地，藉由瞭解生產者的想法，更加堅信自己的想法。「直接將咖啡的品質和美味傳達給客人的咖啡師就是

『咖啡傳達大使』」，比起萃取的控制來說，山本小姐更在意這些。

今後的目標是培育新世代達人

山本小姐的丈夫，也是負責人的尚先生，擔任咖啡師冠軍大賽的評審工作，從08年開始出席比賽會場。雖然也考慮到公關層面，但和一般的飲食店不同，因為每日產出的杯數很少，因此也是提升自己技藝的珍貴機會。「比賽是日常工作的延長。以專業身分得到客觀評價的機會」山本小姐說道。希望透過開業技術的指導及自己技藝的磨練，提升自家的咖啡和服務品質。在2010年的大會上初次進入準決賽，翌年進入第四名，穩健踏實地展現成果。山本小姐說「去年雖然沒有什麼充裕的時間，但一直想要將咖啡的美味傳達給更多人」。大會後，店裡所提供的招牌咖啡也大獲好評。

只是，未來也有獨立開設咖啡店的想法「畢竟多一些人傳承這家店的理念是件好事」。包含擔任研習活動等的講師在內，今後也將為培育新世代而盡心盡力。

Unir 長岡天神店

地址／京都府長岡京市天神1-3-21
電話／075-954-7001
營業時間／10時～19時
公休日／星期三
http://www.unir-coffee.com/

中村真悟先生

京都・長岡京市

Unir 長岡天神店

現場研磨
技術融合素材知識

從零開始一點點地加深自信

中村先生一直都喜歡咖啡，也曾走訪各地的自家烘豆店。僅看了咖啡比賽的影片，就對咖啡師產生了濃厚的興趣。「只對帥氣的服務人員有印象，本質的工作並不太清楚」中村先生如此回顧道。

長岡天神店2號店開幕是個轉捩點。因為新店裡也提供自家烘焙豆萃取的咖啡，所以必須真正地承擔起咖啡師的責任。

只是，所學到的基本技巧，僅止於入店後略微操作機器而已，在咖啡大賽中擔任評審的老闆山本先生和太太知子小姐的指導下，邊看邊學以磨練技巧。

雖然開店之初並沒有自信，但「從客人身上得到的喜悅，產生了更多想要更好的想法」，在營業現場一點一滴地加深了自信。

投注精力於熟稔素材

目前，負責長岡天神店的飲品項目，包辦從基本到上桌的所有工作。同時也負責「最常接觸機器」的店頭服務，一邊也參與萃取作業，更加深對原料的認識。

「不僅在味覺上，若對豆子充滿自信而能向顧客充分説明，也能讓客人心中充滿安全感」中村先生説。為了感受細緻的味道，還刻意去品嚐食品及菜餚的味道，透過咖啡師的工作，對咖啡的態度也大大地改變。

甚至從2010年開始，積極地參加咖啡師大賽及牛奶拉花競賽，兩者都只挑戰了2次就獲得入選佳績。

「因為很緊張（笑），就將牛奶拉花當作在店裡客人面前描繪一樣」中村説著。

再加上平日的工作經常和咖啡接觸，不斷磨練技術和素材的結果。「因為能在良好的環境裡工作，才能將咖啡的可能性不斷傳達給客人」。

從事咖啡師工作至今才兩年多，希望今後能更活躍。

京都・長岡京市

地址／京都府長岡京市天神1-3-21
電話／075-954-7001
營業時間／10時～19時
公休日／星期三
http://www.unir-coffee.com/

内田利夫 先生

京都・長岡京市

Unir 本店

在大阪超有人氣的咖啡屋擔任店長職務的內田先生，在咖啡大賽中認識了『Unir』負責人山本先生，在一年前轉換職場。利用長年累積的服務經驗，以專業的咖啡知識，擴展咖啡的魅力，以全新的咖啡師型態作為目標。

國內不鏽鋼製品大廠『Olivia』的奶鋼杯。纖細的注入口易於注入，寬板握把很合手是大家愛用的理由。

長年來一直使用的「DCS」咖啡填壓器。基於「填壓緊實才能出味」的理論，選擇了填壓時後方表面積增加的C波紋款。

（左）一年前為響應比賽，參賽時所穿著的T恤。（右）工作時穿著的長圍裙。

金子將浩先生

京都・中里內町

WEEKENDERS COFFEE

關西地區很早就供應濃縮咖啡為主的『cafe weekenders』,從2011年9月開始自家烘焙咖啡豆,並重新規劃為咖啡專門店。銷售項目以飲品為主,加上滴落式咖啡,更加擴展了咖啡的樂趣。

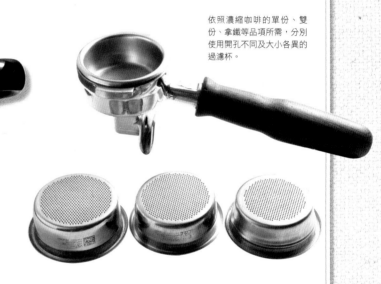

依照濃縮咖啡的單份、雙份、拿鐵等品項所需,分別使用開孔不同及大小各異的過濾杯。

島根『cafe weekenders』一直使用的「REG BARBER」波紋狀訂做填壓器。用最小的力氣就能壓出重量是主要重點。

內田利夫先生

京都・長岡京市

Unir 本店

活用服務的經驗，
與咖啡相遇

比賽現場的相遇為轉機

　　內田先生與濃縮咖啡的關係，要追溯至9年前服務於大阪的咖啡店開始。「當時不但對咖啡師一職完全不了解，對濃縮咖啡也沒有好印象。」內田先生苦笑著說。於是從這裡開始思考著要如何萃取出好喝的咖啡，在追逐咖啡豆的過程中，因為特種咖啡豆而大大地改變了觀念。之前所感受的苦味沒了，反而有甘味及微微的酸味，「因為太好喝了，忍不住一次沖了三回來喝」。從此才開始自學萃取的流程或機器設定等咖啡師傅的基本技巧。

　　「因為原本專注於餐飲的領域，不免心想：咖啡師到底是什麼呢？經驗應該是很重要的」。7年前第一次參加比賽，當時認識了身為評審的『Unir』負責人山本先生，也開始投入咖啡的世界。比賽中屢屢受到評審的好評，懷抱著「藉由咖啡仰望更高的目標」的想法，終於在一年前敲開了『Unir』的大門。

成為值得信賴的
「營業級咖啡師」

　　目前主要在本店負責接待顧客、烘豆，以及網路批發、營業等業務，以及開幕活動及開業指導等工作。

　　與咖啡相關的工作範圍很廣，內田先生說：「站在教學者的立場，自然要思考如何訓練等問題，更要隨時注意回應學員的要求和提問。」技術畢竟是手段，希望被認為困難的咖啡技術，透過累積的服務經驗，能更得心應手地侃侃而談。

　　「例如、濃縮咖啡的專門批發商，若因為高品質而增加了終端客戶，自己的功能也相對提升，想要證明自己是個值得信賴的『營業級咖啡師』。」，從2011年進入咖啡師冠軍大賽的前五名等成果看來，確實提升了自己的技術層次。

　　今秋開始，本店引進了智慧型烘培爐，重新改寫了烘豆的空間。在烘焙或萃取等專業功能提高的同時，也能提供令人感動的獨特美味咖啡。

Unir 本店

地址／京都府長岡京市長岡3-27-4

電話／075-956-0117

營業時間／10時～19時

公休日／星期三

http://www.unir-coffee.com/

金子將浩先生

京都・中里ノ内町
WEEKENDERS COFFEE

從自家烘豆開始，追求咖啡店的醍醐味

京都的真正濃縮咖啡

若問「能享受真正濃縮咖啡的地方」，那就是金子先生五年前開幕的『cafe weekenders』。金子先生開店前就開始獨自磨練技術，並驗證萃取理論。使用走訪各地試飲過程中最有感覺的島根『CAFFÉ ROSSO』咖啡豆，以販賣濃縮咖啡為主，在京都也以前驅者的角色存在。改變以往咖啡廳總是販賣許多食物的經營型態，2011年9月重新規劃後，轉以販賣自家烘焙咖啡豆為重點。販賣的飲品和甜點也將範圍縮小成更適合咖啡的專門店。

聽說轉型之初內心也充滿不安，但「近五年來，街上如雨後春筍般冒出的自家烘焙店及濃縮咖啡店，更突顯出以咖啡為目標的客人其實非常多」，目前仍持續地以滿足顧客的需求為目標。

此外，基於「濃縮咖啡最好儘快喝完」的思維，也在店內設置了站立式的櫃檯。濃縮咖啡機的擺放位置讓客人可以近距離地看到完整的萃取過程。所謂「看到完整的萃取過程，可說是享受濃縮咖啡的開端」，站在此櫃檯前能感受到的臨場感也是其魅力之一。

類來更換使用的過濾器等，在此類小細節上用心，只為了追求一杯理想的咖啡。

另一方面，將至今尚未試過的滴落式咖啡加入販賣品項中，也產生了很大的變化。基於「想要享受不同咖啡豆」的慾望，每日直接以咖啡濾壓壺、手沖壺等，變換萃取器具後所產出的獨特嘗試也頗受好評。「比起咖啡師，更像咖啡店老闆的感覺」，作為以濃縮咖啡為主軸的專門店，不斷地求新求變也讓人樂在其中。

從咖啡廳轉型成「咖啡專賣店」

從自家烘焙咖啡豆開始，藉由以前自己參與咖啡豆的採購經驗，就能夠營造出整家店的風格。新型態濃縮咖啡的調和，則是以客人所熟悉的『CAFFÉ ROSSO』味道為基底，再摻入新鮮的味道。

兩種巴西咖啡豆中，擁有曼特寧濃厚的主體感及華貴的摩卡香氣，肯亞柑橘系列的酸味強調重點。

濃郁風味的相互較勁和溫和的餘韻讓人印象深刻。「『好想喝那家店的濃縮咖啡』，以創造令人懷念的味道」為努力的目標。因此萃取時，會依照咖啡種

京都・中里ノ内町

地址／京都府京都市左京區田中里ノ内町82
　　　藤川大樓2樓

電話／075-724-8182

營業時間／10時～19時

公休日／星期三

http://www.weekenderscoffee.com/

野里史昭先生

大阪・北久寶町

Bar ISTA

身為咖啡師，同時也是CULINARY製菓調理學校大阪分校講師的野里先生，在2010年終於實現了自己開店的願望。在以義大利型態為主的Bar裡，咖啡師以服務為主要宗旨。雖然不顧一切擴大營業範圍，卻能得到大眾的支持。

濃縮咖啡機是義大利VIBEMME公司生產的最新機型，每一機組都搭配著獨立蒸氣鍋爐的多鍋爐機款。

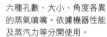

迄今所使用過的歷代填壓器。目前使用右前列的「REG BARBER」。左前列的「SIMONELL」是拉花比賽的優勝紀念品。

六種孔數、大小、角度各異的蒸氣噴嘴。依據機器性能及蒸汽力等分開使用。

左方注入口較細的奶鋼杯用於自由描繪時，右方注入口較寬者則使用於刻蝕時。原始標籤也是重點。

下村奈央小姐

大阪・難波

shakers cafe launge +

在大阪難波city1樓的『Shakers cafe launge
＋』擔任咖啡師的下村小姐，因為喜歡咖啡而在
此店服務了7年之久。和濃縮咖啡的邂逅，則是來
了這家咖啡店之後才開始。接觸卡布奇諾之後，
更了解咖啡的深度，反而愈來愈喜歡咖啡了。

鐵氟龍處理過的奶鍋杯，有
利於牛奶的滑動，便於描繪
細緻波浪時使用。

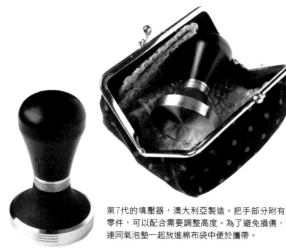

第7代的填壓器，澳大利亞製造。把手部分附有
零件，可以配合需要調整高度。為了避免損傷，
連同氣泡墊一起放進棉布袋中便於攜帶。

野里史昭先生

大阪・北久寶町

Bar ISTA

以打造「服務零缺點」的吧檯為主要目標

讓顧客感到快樂的場所

「咖啡師傅是操盤手，也是服務人員。對顧客來説，不管點什麼或需要什麼，服務都應該是最好的。雖然有其難度，卻非常有意義」野里先生説道。2010年8月開幕的咖啡店，在一眼即能看盡的範圍內，僅有櫃台的8個座位。野里先生表示「如此便於作日常性的使用」，除了午餐之外，販賣項目大致不會改變，一整天都能點單。位於辦公大街上，寬廣的落地窗設計也廣受好評。

大學畢業後，在東京的義大利餐廳工作時，非常憧憬咖啡師前輩工作時的模樣，因而決定選擇這行業。Bar是設備齊全的正統派義大利型態，這在十幾年前是很罕見的。此外，開店前曾去義大利，成為第一個取得IIAC1.2.3級的日本人，並且吸收了許多現場實際操作的知識。野里先生有個明確的概念：「即使咖啡師有諸多定義，也不希望定義模糊」。

提攜夥伴不遺餘力

另一方面，Bar裡很特別的是僅提供單一產地原生咖啡豆的濃縮咖啡。基於「想要享受每一品種的咖啡品質和特性」，暫時先將固定的混合豆擱置一邊，定期1、2週更換咖啡豆種類。試著實踐在比賽會場和『Unir』負責人山本先生交流的心得。同時，透過對豆子更深的了解，希望提供能窺見咖啡師真正面貌的咖啡。

此外，擔任專門學校或研習會講師，教導學員不能只會沖煮好喝的咖啡，「知其然，還要知其所以然。每一動作的意義，刻意記住行動的理由。從生活中去思考，才能一天天持續成長」野里先生説道。此外，透過參加比賽和『Unir』負責人山本先生交換練習經驗

及情報訊息。所以，比賽場合也成為交流溝通的場所。今年冬天開始，關東地區的咖啡師們也呼籲，希望能跨越區域及年紀的限制，擴大各區間的聯繫網。「畢竟仍屬於定義不明確的工作，若能透過彼此的聯絡而產生各種不同的想法是很好的一件事」。所以，野里先生也致力於擴大咖啡師間的聯絡網路。

Bar ISTA

地址／大阪府大阪市中央區北久宝市町2-6-1
　　　大百物產大樓1樓
電話／06-6241-0707
營業時間／11時30分～23時
公休日／星期日、星期一、國定假日
http://bar.ista-baristaalliance.net/

下村奈央 小姐

大阪・難波

shakers cafe lounge+

咖啡豆、機器和氣候，充滿無窮樂趣

超喜歡咖啡

一直以來就很喜歡咖啡的下村小姐，在家中把咖啡當作飲料來喝是件十分稀鬆平常的事。

以前曾經在爵士酒吧的吧檯工作過。應該就是在這裡體會到走出櫃檯與客人接觸的樂趣吧！後來，幸運地進入『Shakers cafe lounge＋』工作。

「雖然鍾情於咖啡，但進入『Shakers』之前只喝濃縮咖啡，卡布奇諾這種咖啡是到這裡後才有接觸」。在爵士酒吧擔任的吧檯人員是兼職性質，當時腦海裡浮起這個念頭：如果有幾天的白天在咖啡店工作也不錯啊！但一頭栽進咖啡店的工作後，就將酒吧的工作辭了，專心從事於咖啡行業，至今已有7年之久。

接受要求製作卡布奇諾

難波city1樓的『Shakers cafe lounge＋』，面對中央廣場，因為隔板牆壁低，室內看起來就像是屋頂庭園一樣。周邊往來購物的人潮和通勤的上班族，都將這裡當作喘息歇腳的咖啡店，所以店裡生意非常忙碌。

因為女性顧客居多，點卡布奇諾的人也很多。

點卡布奇諾的人，有些人是看照片來選擇描繪圖案，照片上收錄卡布奇諾約50種描繪圖案。

「喜歡挑戰各種不同的圖案，所以圖案庫不斷增加。同時，不侷限於器具，會依據描繪的圖案變換使用的奶鋼杯」。

描繪波浪等細緻圖案時，使用注入口微尖的奶鋼杯。最近購買的鐵氟龍加工奶鋼杯，可讓牛奶較滑順，非常好用。瑪奇亞朵也使用鐵氟龍加工過的奶鋼杯。

此外，也使用各種不同的填壓器，目前使用第7代的填壓器是澳大利亞・普爾曼公司的產品。雖然水平線易見是很大的好處，但握把高度卻不符合大拇指的活動。

因此，將握把部分切斷，改以螺絲零件鎖緊，方便調整使用，可依自己喜好進行調整。

「豆子的狀態每天都不一樣，即使同一天也會因為時間點不同而有所改變。因此，要調和出美味好喝的咖啡並不容易，但我卻樂在其中」。

如果今天有人問「我的興趣」是什麼？我肯定還是會回答「咖啡」下村如此回答道。

shakers cafe lounge +

地址／大阪府大阪市中央區難波5-1-60
難波CITY本館1樓

電話／06-6633-4344

營業時間／8時～23時（L.O22時）

年中無休

高橋英昭先生

大阪・梅田

shakers cafelaunge HERBIS ENT店

在這家店工作已近兩年的高橋先生，還記得拉花完成後端至客人面前的那一刻，從客人處得到的喜悅，讓自己也非常開心，繼而覺得這份工作有了意義。大多時刻都覺得自己「畫得比昨天更上手」，每天都懷抱著快樂的前景繼續工作下去。

店裡咖啡師們共用的奶鋼杯。

店裡兼營美國有名的風味糖漿「特拉尼」之進口經銷。印有商標的填壓器為大家共同使用。

東弘和先生

大阪・博勞町

BAR ZUMACCINO

從不同領域轉換跑道成為咖啡師，擁有獨特經歷的東弘先生，在2009年開幕的Bar裡，除了原有的咖啡業務之外，店裡從烹調到甜點，都是東弘先生一人包辦。致力於提高商品品質的專業概念，頗受業界支持。

因為工作中有時必須暫時將握柄拆除，所以選用能自由拆解握柄的奶鋼杯。以整隻手握住奶鋼杯較不易晃動，注入口較容易傾斜。

單過濾器用的「VIVICE」（右）、雙過濾器用「cafelat」（左），分別使用口徑各異的兩種填壓器。

每年舉辦一次關西地區咖啡師的交流大會，拉花比賽的優勝獎品。以抽籤決定描繪圖案後，再以自己的方式進行拉花。

高橋英昭先生

大阪・梅田

shakers cafe lounge HERBIS ENT店

練習更多的拉花圖案，累積更多喜悅的圖案庫

模仿書本進行練習

會選擇在咖啡廳工作，是因為身邊有咖啡師朋友。聽說原本不喝咖啡，就算去到咖啡廳也都是點甜的飲料喝，壓根不知道什麼是濃縮咖啡。

漫不經心地開始就業後，一開始是打工的兼職工作。約有兩個月的時間，都是負責接待客人的工作，接著開始負責處理咖啡機的工作，自此高橋先生開始熱衷於牛奶拉花。

「只要一有時間，就鑽研澤田洋史先生的拉花教本。不管是葉片圖案或是波浪圖案，看起來都非常優美。特別是照著教本上的葉片圖案描摹，一次次地進行練習」。練習時間都是在下班之後，高橋先生希望今後也能不受阻礙地繼續練習下去。

平均每兩個月推出新飲品

店址位於大阪・梅田的HERBIS廣場，樓上有世界知名服飾品牌入駐，最上層樓是大阪四季劇場。因為很適合作為等人或購物時的歇腳處，所以客人很多。這家店也是美國有名的風味糖漿「特拉尼」經銷商東洋BEVERAGE（股）的直營店。

咖啡廳對於擴大自家製品的推廣空間也具有相當的功能。平均每兩個月會推出六種新飲品。

新飲品的食譜一定要記下來，否則在賣店現場會很辛苦。公司的咖啡師傅、甜點師傅都要參與每回推出的新飲品開發活動。高橋先生成為咖啡師之後，也不得不思考這「每兩個月推出的新飲品」，確實是個充滿挑戰與鍛鍊的職場環境。

投注心力於牛奶拉花

「雖然波浪圖案是我很擅長的，但因為必須刊登於雜誌上，所以非得挑戰新圖案才行」，因此才激發出「戴著貓帽的女子」圖案（36頁）。

到了能實際感受「不斷練習就會進步」的現階段，「能上手真的很令人開心」高橋先生說道。

今後將集中心思於拉花的練習，否則無法更上層樓。同時也想多了解其他的咖啡機型，想要做的事情多了起來。當然，現在已經很喜歡喝濃縮咖啡了，所以也想嘗試不同店家的咖啡味道。

shakers cafe lounge HERBIS ENT店

地址／大阪府大阪市北區梅田2-2-22 HERBIS PLAZA 1F/2F

電話／06-6344-4344

營業時間／8時～23時（L.O22時）

全年無休

東 弘和先生

大阪・博勞町

BAR ZUMACCINO

不管是料理或咖啡，都散發著不妥協的專業意識

為了創業所培養的專業意識

原本販賣手錶的弘和先生於10年前轉換職場，擁有特別的就職經歷。「終究自己還是想要開個什麼店，對於牛奶拉花也很有興趣」，於是踏進了當時常路過的咖啡廳。

在尚未有咖啡師比賽的時期，一個新人也可以立刻負責咖啡機工作。咖啡店位於大阪車站附近，客人流轉的速度非常快，因此萃取龐大數量的濃縮咖啡便成為基本技術。

在咖啡廳和餐廳調理部門分別工作了四年後，2009年有了自己開店的念頭。從咖啡、料理到甜點，都由自己一手包辦。「自己開店之後，不但一切都親力親為，也不斷充實料理和酒類的相關知識」弘和先生說道。現階段目標是取得調酒師的資格。

或許一般人對咖啡師的定義較狹隘，但弘和先生心裡總是希望能多了解菜單上的品項，這種高度的專業意識也是廣受支持的理由之一。

咖啡也是一種料理

說到咖啡，無非是希望「以最少的花費，提供最佳的品質」，因此不使用特種咖啡豆，反而以自己喜歡的重烘焙豆來表現個性。

當地花田咖啡的原始混合豆，在流行淺焙的現在，卻能誘發如苦澀巧克力般珍貴的濃郁苦味，就算和牛奶混合也能留下濃郁香醇的咖啡口感。

弘和先生說：「因為以前是一人包辦的忙碌商店，牛奶拉花也僅止於簡單圖案」。而直接與客人面對面的現在，卻能盡量滿足客人的要求，也盡量參加各地舉辦的比賽。「除了可以為自家店宣傳之外，更重要的是橫向連結的機會變大了」，和各地咖啡師相互交流的機會中，也能接受刺激，進而磨練自己的技術。

弘和先生說：「不只是拉花圖案，提供給客人的東西，最重要的還是味道。咖啡也是料理之一，『真正好喝』才是最令人開心的事」。

現在以拉花為訴求的客人也不少，但幾乎都是老顧客。開店才兩年，仍持續在業界努力深耕中。

BAR ZUMACCINO

地址／大阪府大阪市中央區博勞町2-3-2
電話／06-6261-3877
營業時間／11時30分～24時
公休日：星期日・國定假日

八木俊匡先生

兵庫・芦屋

Bar Rio

目前的Bar分布在JR芦屋車站附近，6年前開幕之後則以首創者之姿存在。雖然義大利風格的Bar和濃縮咖啡之間的關係密不可分，但『Bar Rio』原就是本著將兩者合併的概念而成立。身為同時擁有兩者風格的罕見Bar，希望可以從此不斷擴展，引人關注。

使用「Rattle ware」奶鋼杯。因為注入口前端尖細地朝前突出，很容易注入牛奶是選用的重點。

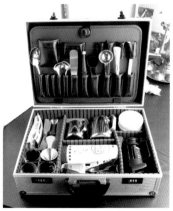

裝有咖啡師所需要的整組器具「ESPRESSO SUPPLY」整理箱。姐妹店開幕和生日時，朋友送的基本配備。

八木先生成為咖啡師之後，最初使用的填壓器「Vivace Ergo Packer」。底部為功能性的歐元曲線。

小山　真先生

愛知・名古屋

cafe one 本山店

只要看見拉花圖案的照片，就能判斷「這是小山先生的傑作！」，這就是擁有獨特拉花繪法的小山先生。最近，店裡主辦的拉花大賽Latte One 也漸漸帶動拉花熱潮。但是，這觀點通常是以客人的觀點為主。比起外觀、味道以及想做的東西，客人要求的東西才是最先思考的重點。

鋁製的手工奶鋼杯。雖然易於輕輕搖晃，但在習慣之前還是要掌握些訣竅。因為是特別訂做的，只有在『Cafe one』販售，底部刻有連續號碼。

長年愛用的填壓器，並沒有特殊的設計。

拉花圖案的展示版。沒有照片，描繪完成之前都能抱持著興奮的期待感。

八木俊匡先生

兵庫・芦屋

Bar Rio

比起外觀，味道更為重要
關西地區少有的自家烘焙咖啡吧

芦屋附近的咖啡吧創始者

2003年以正式的咖啡師身份開始工作於『Del Sole』，開始接觸了濃縮咖啡。俊匡先生回想「原以為只有苦的感覺，沒想到卻有水果茶般的香氣。」

對八木先生來説，咖啡師就是服務人員。本著「比起炫技，風格、空間的表現更為重要」的想法，在6年前開了咖啡吧檯。雖然現在該處附近咖啡吧檯林立，但當時並不習慣站立式吧檯及濃縮咖啡。

直到能享受其中樂趣時，大約已花費半年時間。剛開始是以現址的型態為主，但並非「100%完全沒改變」，如檯檯邊緣加裝緩衝墊、充實餐食內容等都是因應客人的要求而作的改善。第二年開始就廣受好評，在業界創造出良好的口碑。

以自家烘焙豆體會素材美味

開店後，雖然也參加比賽活動，但終究還是比較重視每日的工作現場。商品之一的牛奶拉花也是如此，比起外觀更重視味道本身。

「雖然高水準的描繪技術和美味成正比，但多花點心思就能確保味道不變質」。咖啡端上桌時必須兼顧時間和味道。

雖然當初從義大利豆商處進口咖啡豆，但是「咖啡師若要忠於素材原有的味道，還是必須由自己管控素材的品質才行」於是，以追求『符合日本人口味的濃縮咖啡』的姐妹店烘豆場開幕了。藉由了解豆子的特性，使用各國的特種咖啡豆，讓品嚐濃縮咖啡的客人有了熱烈的反應。

也因此開始了解所謂的「營造平日的輕鬆環境也是經營目的」的道理。

源自於義大利的吧檯文化和濃縮咖啡總是被區分開，但原先就是本著將兩者合併的概念而成立。身為兼具兩者型態的少見Bar，希望從此能不斷擴展，受到大家的關注。

Bar Rio

地址／兵庫縣芦屋市大原町12-1

電話／0797-6317

營業時間／13時～24時

公休日／星期二・每月第3個星期一

http://www.ashiya-rio.jp/

小山　真先生

愛知・名古屋

cafe one 本山店

透過對話和溝通，
提供美味咖啡

牛奶拉花是溝通的手段之一

　小山先生描繪的葉片圖案非常特別。不積累牛奶來描繪葉片圖案，而是讓一注牛奶引起對流形成葉片。這種靠自修而習得的注入方式，很多同行的咖啡師傅，只要看到圖案，馬上就能判斷「那是小山先生的作品」。雖然也有很多咖啡師説「像小山先生這麼擅長拉花的人，應該找不到第二人了」，但小山先生卻冷靜地以經營者的角度來看待這件事。

　「店裡不可能只提供牛奶咖啡，這畢竟只是和客人間溝通的手段之一」雖然

cafe one 本山店

地址／愛知縣名古屋市千種區四谷通2-10
　　　Rutsusuton地下1樓B室
電話／052-781-1767
營業時間／12時～24時、星期六11時30分～24時
不定期公休

小山先生的牛奶拉花非常有名，但比起拉花，小山先生更重視咖啡本身的味道。

　畢竟，專業咖啡師都會拉花，專業咖啡師做出來的拉花漂亮是理所當然，美味也是理所當然。但前提是最好僅提供給喜歡的客人。

　因為很重視味道，常常提醒對著拉花圖案拍照的客人説「拍完照，請趕快喝完吧！」

以客人的角度參加拉花大賽

　店裡主辦的拉花大賽Late One，在2011年舉辦了兩次。僅在推特和部落格進行公告，卻吸引來自全國各地的咖啡師報名，名古屋本山店也聚集了來自東京和關西地區的觀摩人員。（右上方的照片為大會作品）

　特別的是大會的評審人員清一色都由素人擔任，由不懂拉花的人進行評審。「以素人喜歡的拉花為主題」小山先生補充説。此乃基於「不是由店家強硬決定要給客人什麼，而是提供客人所要求的咖啡」的考量。

　雖然自己很喜歡複雜的圖案，但應顧客要求做出可愛圖案也是一種專業。在Late One，有名氣的咖啡師即使第一回進入了種子隊，第二回敗陣下來的情況

也屢見不鮮，但這個活動卻是連結店端和顧客端的橋樑之一。如此不但可以延伸寬廣的視野，也藉此培育能經營咖啡店的咖啡師，這是小山先生的目標。

新井章久先生

愛知・名古屋

cafe one 本山店

2011年6月之前，身份還是上班族的新井先生，自從參加了『Cafe one』的拉花教室後，開始萌生經營咖啡店的念頭，最後決定轉換跑道。從此每天都與練習拉花、料理和甜點為伍。

『Cafe one』特別訂製的鋁製雪平奶鋼杯。屬於自己專用的，復古的感覺是自己加工而成。

澳大利亞製造的填壓器。因為很喜歡握把的菱形格紋而買下。

村井笑美 小姐

東京・原宿

Doubletall 原宿店

雖然曾經在咖啡店工作，但該家店使用的是全自動咖啡機，所以來到『Doubletall』之後，才開始接觸半自動的濃縮咖啡萃取法，也才認識所謂的拉花藝術。從西國分寺店調職至原宿店後，屢屢被要求做出「可愛拉花圖案」，於是，笑美小姐不斷地練習描繪動物系列的拉花圖案。

店裡共同使用的拉特爾奶鋼杯。

填壓器也非自己專屬，是店裡共用的器材。

新井章久先生

愛知・名古屋

cafe one 本山店

以獨立創業為目標，
正努力地學習開業所需的一切

以咖啡表現自我

新井先生所創作的拉花繪圖（44頁）為2種心形圖案。縱列的兩顆心，要避免描繪成像鬱金香其實是有難度的。縱列的3顆心，嚴格說起來，最底下的那顆心必須要稍微靠近中心處才恰當。

cafe one 本山店

地址／愛知縣名古屋市千種區四谷通2-10
　　　Rutsusuton地下1樓B室
電話／052-781-1767
營業時間／12時〜24時、星期六11時30分〜24時
不定期公休

新井先生在2011年6月之前都還是領薪水的上班族，有4年的時間都在機械廠工作。『Cafe one本山店』開幕後，一直是該店的客人，但參加了店裡所開設的拉花教室後，就開始想像自己在咖啡店工作的樣子。

經常坐在吧檯座位上，和店裡的負責人小山真先生聊天。當上班族時，也曾在星期六或星期天在咖啡店工作。期間正好該店店長要辭職，於是新井先生也辭掉了上班族的工作。

幫自己的奶鋼杯
增添幾許復古的感覺

奶鋼杯是『Cafe one』原有的，以鋁質打造的雪平奶鋼杯。負責人小山先生也是使用同一只奶鋼杯，只是新井先生稍為進行了加工。「用久了之後，就有陳舊的感覺，所以就在外觀上自行加工」。在店裡，一眼就能辨識出不同於其他，自然也就愈來愈喜歡使用了。

填壓器是澳大利亞製造的，非常喜歡握把處的菱形格紋。『Cafe one』隨意放置的飾品都具有復古的感覺，椅子的設計也隨著每張桌子而改變，整體的氛圍營造非常用心。『Cafe one』所散發出來的整體魅力不斷誘惑著新井先生。

「在這裡工作應該先從學習咖啡、料理、甜點，以及最喜歡的咖啡店經營等相關知識開始」

負責人小山先生認為：描繪出漂亮的拉花圖案對專業咖啡師來說是理所當然的事，調製出美味的咖啡也是應該的，除此之外，營造優質的喝咖啡空間也不可忽視。

並非強硬地端給客人說：「我的牛奶拉花就是這樣！」，而是重視客人的需求，繼續提供客人喜愛的咖啡。如此一來才能和老闆的想法產生共鳴，轉換跑道後的新井先生心中暗自決定。

村井笑美**小姐**

東京・原宿

Doubletall 原宿店

自己因拿鐵而歡笑，
因此更加用心

濃縮咖啡並不難懂

進入『Doubletall』之前，村井小姐完全不知什麼是濃縮咖啡及拉花藝術。第一次看見牛奶拉花時，忍不住驚呼「實在太棒了！」，心中也興起了嘗試的念頭。

「起初先負責接待客人及大廳的工作，三個月之後開始練習萃取咖啡」，拉花則是從心形圖案開始練習。

雖然半年後已經可以上桌了，但有關於濃縮咖啡，仍像先前所知的一樣感到困難。即使是相同的豆子，也會因為天候改變而產生變化，填壓時味道也會改變。

終於了解原本以為只有苦味的濃縮咖啡，透過專業熟練的處理，感受到的就不只是苦味了。

牛奶拉花能讓人展露笑臉

村井小姐目前擅長的拉花圖案有三種葉片形狀，以及狗、貓、熊等動物圖案。當然也開始練習心形和葉片形圖案的應用。主要是利用自己的休息時間進行拉花練習。

「牛奶拉花，不就是為了要讓人們露出笑臉而存在的嗎？」味道當然不用說，牛奶拉花同時也能讓視覺感到愉悅，不僅在味覺上得到享受，喝的人也能瞬間露出笑臉。村井小姐的名字「笑美」彷彿就是象徵拉花藝術之美。聽說小時候對於名字裡的漢字總抱著莫名的抗拒感，現在卻以這個很符合工作情境的名字為榮。

村井小姐從增加拉花圖案著手，每一杯都謹慎用心地描繪，也以此為練習的主要內容。調職到原宿店後，已經熟練了熊的畫法。

店裡的年輕女性客人很多，要求描繪可愛圖形的人也愈來愈多。因此，動物種類的拉花也不斷增加。

雖然每天都覺得濃縮咖啡很難，自己要學習的東西還很多，但仍舊希望自己能更擅長拉花，更夢想著能開一家屬於自己的咖啡店。

「等到年紀稍長，生活輕鬆些時，若能在故鄉秋田開間咖啡廳，那該有多好啊！」

ダブルトール　原宿店

地址／東京都涉谷區神宮前1-11-11 GREEN
　　　FANTAJIA 2F
電話／03-5413-2106
營業時間／星期一～星期六11時～23時（L.O22時30分）
星期日和國定假日10時30分～22時30分（L.O22時）
全年無休
http://www.doubletall.com

大越智行先生

東京・澀谷

Doubletall 澀谷店

看見前輩製作牛奶拉花，內心因拉花圖案而湧起
喜悅之感。自己也想嘗試看看，於是興起挑戰咖
啡師工作的念頭。先喜歡自己做的咖啡後，再穩
定地往更高層次邁進。希望30歲以前能獨立開
業。

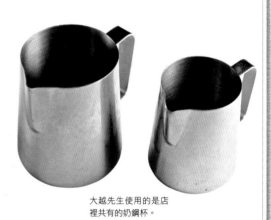

大越先生使用的是店
裡共有的奶鋼杯。

這些很喜歡的填壓
器並不特別，為店
裡共同使用。

笠原 亮先生

東京・澀谷

Doubletall 澀谷店

雖然笠原先生擔任咖啡師工作尚未滿一年，但對所有咖啡相關的工作卻有相當深刻的感受。雖然還不能像有名咖啡師般發揮自己的個性，但為了達到這個目標，每天都努力地用心於滿足客人的要求。

店裡共用的填壓器。

店裡共用的拉特爾奶鋼杯。

49

大越智行先生

東京・澀谷

Doubletall 澀谷店

希望能和此人
一起製作牛奶咖啡

濃縮咖啡是一切基礎

透過濃縮是否真能萃取出豆子的美味？製作牛奶咖啡正好讓大越先生對此問題有了解答，也對濃縮咖啡有了更深刻的認識與了解。「雖然有時也會因為喝太多濃縮咖啡而感到身體不適」大越先生說道。

萃取濃縮咖啡後，為了品嚐味道，每次都將咖啡喝完，有時也會感到身體不適。後來才知道，不需要全部喝完也能品嚐出咖啡的味道。

看見前輩為客人製作牛奶拉花，許多

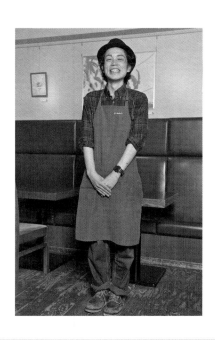

客人因為拉花圖案而感到開心，所以自己也想試看看，負責咖啡師工作也已經快兩年了。

在大廳從事接待事宜、在廚房體驗料理工作之餘，也利用空檔時間練習拉花，從描繪心形、葉片形圖案開始。每天一早到店裡就開始先練習萃取濃縮咖啡、拉花等，然後負責店面接待客人事宜。

即使在自己的休假日，也會一早先到店裡，短暫練習之後再回家。他的足跡也走遍其他咖啡店，透過觀摩思考能如何變化濃縮咖啡。

因為被教導「最重要的是確實萃取濃縮咖啡，拉花是其次」的思維，所以營業前一定會仔細確認濃縮咖啡的味道。

牛奶拉花是自己的基準

大越先生說：如果濃縮咖啡是基礎，那麼牛奶拉花就是自己的基準。基礎的濃縮咖啡上手後，牛奶拉花也就能上手。測試基本工是否紮實的基準，就是牛奶拉花。

所以，從增加牛奶拉花圖案庫開始，儘可能提高完成度。而且，為了呈現穩定度，今後也將持續不斷地練習下去。「因為是賣錢的商品，有一定的壓力存在，所以希望能盡量提供客人需要的商品。」

具體來說，年長者喜歡稍微熱一點的牛奶咖啡。對於聊天時提到自己喜歡喝咖啡的人，溫熱的拿鐵能突顯牛奶的甘味，較為適合。

不但能記得來過一次的客人喜好，而且能依其喜好來提供咖啡。所以，大越先生不但在乎客人該喝什麼，也很在意客人喝剩的原因。

雖然很想見識海外的咖啡文化，也想參加牛奶拉花大賽，但希望有更多人因為喝了自己提供的咖啡後而深深愛上咖啡。

東京・澀谷

地址／東京都澀谷區澀谷3-12-24澀谷東口
電話／03-5467-4557
營業時間／星期一～星期五11時30分～24時、
　　　　　星期六11時30分～21時
公休日／星期日・國定假日
http://www.doubletall.com

笠原　亮先生

東京・澀谷

Doubletall 澀谷店

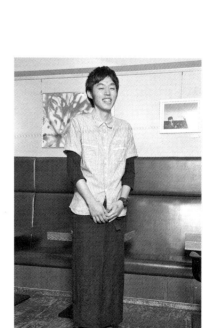

該做什麼就盡力做
才是首要之務

假日的拿鐵巡禮

「彷彿意外地跌入深奧難懂的咖啡世界般，對一切仍懵懂不清，就這樣地持續了一年」

一年前，在書裡看見牛奶拉花的藝術，覺得非常驚訝，於是從福島到了東京，接受『Doubletall』的面試。等到自己會拉花後，開始看的懂書上拉花和自己拉花之間的差異，希望自己的拉花能比書上所刊登的拉花圖案更「驚人」，慢慢地也明白每個咖啡師的拉花創作都擁有自己的個性。

此外，畢竟自己是特意到東京的，所以工作結束後，總是到人氣旺盛的咖啡廳觀摩學習，不管到哪個咖啡廳，一律都點牛奶咖啡。每次喝時，都驚訝於「原來牛奶咖啡有這麼多種類啊！」有時候，去到雜誌上推薦的知名咖啡廳，親見老闆萃取濃縮咖啡的模樣，總是感到心動不已。

「我想：這樣的緊張感，只有來到東京才能真實感受到吧！」

學習與咖啡相關的一切

因為想要學習和咖啡有關的一切，所以非常適合咖啡商品豐富、餐點、酒精飲料，以及宵夜點心都相當多的『Doubletall』。另外，休假日也走訪東京的各大咖啡廳，正確來說，是尋找牛奶拉花藝術。

因為『Doubletall』是使用自家烘焙的咖啡豆，烘豆師傅喝了笠原先生做的牛奶咖啡之後，也發表了一些感想，那些話一直到現在都覺得珍貴。

最近，雖然常聽到「做得很棒啊！」的讚美，但我還是希望自己不要因此而覺得滿足。

澀谷店的地理位置，男女客比例差不多，有在附近的上班族常客，也有很多到附近辦事順便光顧的客人。所以想要學會能滿足每一客人需求的技術，也希望能夠做出專屬自己風格的「我的牛奶咖啡」。但在展現自我個性之前，該做什麼就好好地做還是首要之務。

ダブルトール　澀谷店

地址／東京都澀谷區澀谷3-12-24 澀谷東口
電話／03-5467-4557
營業時間／星期一～星期五11時30分～24時、
　　　　　星期六11時30分～21時
公休日／星期日・國定假日
http://www.doubletall.com

奧平雄大先生

千葉・南流山

CAFERISTA

曾經在墨爾本的打工假期中體驗咖啡師的工作，2010年12月回國。2011年7月『CAFE RISTA』開幕。主攻澳大利亞型態的咖啡商品，因為牛奶拉花而開始喜歡咖啡，目前仍習慣在休假日走訪於各大咖啡廳。

從名古屋『Cafe one』購入的鋁製奶鋼杯，下方為最初購買的奶鋼杯，也是打工假期中一直使用的器具。

ACF的咖啡杯。女性顧客則提供紅色咖啡杯，牛奶咖啡則使用玻璃杯。

在墨爾本的『benechiano咖啡』離職時，得到的Impress填壓器。

横田雄介先生

埼玉・北本

ESPRESSO&BAR LP

2010年5月開幕。横田先生以前從事和建築相關的工作時，就非常沉迷於拉花藝術，甚至在自己家裡安裝Cimbali selectron每天練習。那部機器迄今仍活躍於營業現場。休假日也頻繁地前往火炬調酒師教室，為了增加自己的「能力籌碼」而努力著。

填壓器的底座較薄，按壓時能清楚地看出是否呈現水平狀，所以很受歡迎。

舊款的拉特爾奶鋼杯。因為使用慣了，就繼續使用。

奧平雄大先生

千葉・南流山

CAFERISTA

聚集愛好咖啡者的咖啡館

三次墨爾本打工假期

奧平先生經營的『CAFERISTA』裡，Flat white、short macchiato、long macchiato、piroko…等澳大利亞的咖啡品項一應俱全。奧平先生在紐西蘭、澳洲工讀的經驗共有三次。「2006年第一次到紐西蘭打工時，不但不喝咖啡，連星巴克都沒進過。」第二次的打工假期時，湧起了對咖啡的興趣，於是在墨爾本咖啡廳工作。

運氣很好地被知名度很高的『benechiano咖啡』僱用，每週工作兩天。其中一天負責咖啡師的工作，另一天則擔任出貨的工作。

之後，在名為『Uirimu Espresso』的店裡一週工作四天。休假時，則在房間裡練習拉花。寄來日本家中所用的德龍家庭用咖啡機，裝上變壓器就能在家中進行練習。

世界咖啡拉花大賽的澳大利亞代表也陸續進入『benechiano咖啡』，當我離職回國時，店經理還寫了張證明書，作為我曾經工作過的證明。

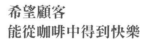

希望顧客
能從咖啡中得到快樂

果不其然，很多人都不看點單而直接要求「調和咖啡」。就算看了點單，大多也是 Flat white、piroko等不熟悉的咖啡名稱。因此，商品解說顯得很重要。

練習用的德龍家庭型咖啡機。在墨爾本打工時，特地從日本寄來作為練習用，目前擺放於店內作為裝飾。

有很多客人喜歡拍攝拉花圖案，站在咖啡師傅的立場，雖然很希望客人趕緊趁熱喝，但同時又覺得能讓客人開心也很重要。「只有沖煮咖啡的瞬間是咖啡師，之後就會回到老闆的立場」這是開業後自己很大的改變。

CAFERISTA

地址／千葉縣流山市南流山1-7-6 Rouelle201
電話／04-7158-6750
營業時間／11時〜21時
公休日／星期二
http://caferista.blogspot.com

橫田雄介先生

埼玉·北本

ESPRESSO&BAR LP

增加咖啡師的「技術錦囊」

自家安裝Chinbari

原本就很喜歡咖啡的橫田先生，25歲時赴澳洲學習語言，在當地的咖啡教室裡體驗了拿鐵藝術拉花，就那麼一天，從此深陷於咖啡世界。

購買中古的Chinbari selectron。那台3相220V的機器放置於自家旁父親辦公室的箱子上，工作結束後則不斷、不斷地練習。將牛奶稀釋4倍左右，一直練習拉花到牛奶用完為止。如此持續了10個月左右。

為了實踐開店的夢想，一邊在咖啡連鎖店工作，一邊也在城內有名的咖啡廳觀摩學習。而且，2010年初到工商會進行開業諮詢，5月分終於自己的咖啡店開幕了。

2011年6月進行改裝，增強了吧檯的氣氛。因為中午來店的客人較少，營業時間也稍微錯開，目前是下午6點開始。晚上9點之前，公司下班後來店裡喝拿鐵咖啡的人很多。9點之後，選擇雞尾酒的人也會增多。

拿鐵咖啡是以7盎司的咖啡杯提供，LP拿鐵則是以12盎司的咖啡杯提供。LP拿鐵咖啡因為咖啡杯較大，可以呈現更精心的拉花設計，點單也逐漸增多中。

練習咖啡雜耍表演

從開幕前三個月開始，就搭乘新幹線往來於調酒師教室，表演酒瓶及雞尾酒搖混器的雜耍演出。因為是一人包辦的咖啡店，若要說能作為咖啡師武器的，應該從增加自己的「技術錦囊」開始。和拉花一樣能讓人開心的，就是雜耍的演出吧！「因為自己很喜歡，所以很努力地學習」，據說2010年開幕後，店裡只休過4天而已。

目前透過自學，也積極練習填壓器及沖煮把手的「拋接雜耍」。即使掉落也沒關係地練習著，據說義大利還有咖啡雜耍的比賽呢！「『拋接雜耍』一詞若以日文查詢是查不到的，因為這純粹是我自創的名詞罷了（笑）」

除此之外，橫田先生也參加名古屋『café one』的拉花比賽，今後將持續不斷地練習下去。

ESPRESSO&BAR LP

地址／埼玉縣北本市中央3-112豐田大樓2F

電話／090-5403-6294

營業時間／18時～翌日3時

公休日／星期日

門脇理砂小姐

島根・松江

CAFFÉ VITA

在無數競技大賽中，獲得優秀成績的咖啡師門脇裕二所開的『CAFFE VITA』咖啡廳中，同樣身為咖啡師的太太里砂也非常活躍。引進了據說難度較高的「strada EP」咖啡機，每天都與其奮戰的理砂小姐，平易近人且細心的待客方式頗獲好評。

印有商標的填壓器，為了符合裕二先生的手掌大小，特別向國內烘豆機大廠訂製。握把和底座可以拆解的訂製規格。照片為直徑57.75、重635g的規格。

雖然使用底部為圓形的奶鋼杯，但咖啡機更換為「strada EP」後，為了提高對流力，改用20盎斯的rattleware。

沖煮把手使用FBC國際公司的Naked，握把處為木製材質，能有效減輕手腕的負擔。

小塚孝治先生

東京・青山

Blenz Coffee 青山花茂店

小塚先生身兼青山花茂店的店長及訓練總長。現在，雖然可藉由咖啡師大賽或拉花大賽等場合，一窺咖啡華麗的世界，但小塚先生仍致力於讓一般人能更進一步地認識咖啡師的工作內容。

使用Espress配件，58mm的填壓器，凸圓的款式。

注入口略呈尖狀的奶鋼杯較易使用，所以偏好使用此款的奶鋼杯。

門脇理砂小姐

島根・松江
CAFFÉ VITA

一步步朝向丈夫的目標「味」前進

意外地闖入了咖啡世界

「從沒想過自己會成為咖啡師。進入咖啡的世界並非是一直以來的夢想或憧憬，純粹只是想要到丈夫的店裡幫忙而已」，說這話的正是『CAFFÉ VITA』的副店長兼咖啡師門脇理砂小姐。高知縣出生的理砂小姐結婚後，就遷居至丈夫門脇裕二的出生地島根。之後，從2002年開始，在小叔洋之先生經營的『CAFE ROSSO』裡學習咖啡師的基本技術。

參加比賽提高工作意識

理砂小姐為了維持及提升自己身為咖啡師的技術水準，都會參加一年一次的咖啡師大賽。

「以我來說，因為和咖啡接觸的時間很有限，為了在大會裡留下亮麗成績，

「第一次看見小叔拉花的圖案時，內心受到很大的衝擊，驚訝於如此巧妙的技巧和拉花的纖細之美。自己也想磨練自己，強烈地想要更深入一步」。看起來好像很簡單，實際操作機器、萃取濃縮咖啡、描繪拉花圖案等其實都有難度，必須不斷地重複進行練習才行。生產後曾經短暫地離開職場，目前因為照顧小孩的關係，一天僅有四個小時在『CAFFÉ VITA』負責接待和咖啡師的工作。

必須刻意地製造接觸咖啡的機會」。迄今已參加過三次UCC咖啡師大賽。在四國大賽獲得第三名，翌年的預賽雖然落選，但卻在第三次的全國大賽中進入決賽。

引進最新型的咖啡機「strada EP」。「雖然可以做出自己想要的味道，但操作較困難。必須考量當時的壓力、熱水溫度、水量、萃取時間…等，每天都在錯誤中仔細地試探最佳狀況」。

即使有小小的疑問也不願忽略，一定會詳細地詢問裕二先生。每天早上萃取濃縮咖啡，確認咖啡穩定度是不可省略的事情。

「以前就接觸過服務業，客人開心的表情不但比什麼都能激勵人心，也能令人感動。今後也將不辱『CAFFÉ VITA』的名聲，努力地精進學習」。

CAFFÉ VITA

地址／島根縣松江市學園2-5-3
電話／0852-20-0301
營業時間／10時～20時
公休日／星期四
HP／http://caffe-vita.com/

小塚孝治先生

東京・青山

Blenz Coffee 青山花茂店

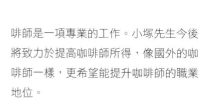

希望能成為被肯定的
專業咖啡師

紙杯咖啡也能拉花

2008年Blenz Coffee舉辦了第一次的拉花大賽。在此之前，小塚先生在加拿大已經認識拉花藝術。都內也只有尚未出現牛奶拉花的『zokka』。

第一次大會時，參加者約20名。雖然社員為工作人員，無法參加大賽，但心裡卻發出「好想參加啊！」的聲音。第二次大會時，參加人數已經超過100名，在大阪初賽時已蔚為風潮。迄今僅三年，但拉花大賽卻越來越受曯目。

「要參加比賽，當然以得名為目標」的小塚先生，對咖啡師的想法也一點一點有了改變。

起初認為咖啡師單純就是萃取咖啡的人，後來認為能提供服務才是真正的咖啡師。同時也認為：雖然咖啡機是每個人都能容易操作的機器，但也會遇到使用上較困難的機種，若一昧地認為「如果沒有…就無法做出…」的人，不能算是專業級的咖啡師。在紙杯上拉出心形圖案或鬱金香圖案的技巧是必要的，但必須更著重於技巧之外的咖啡味道。希望能站在教導的立場，將此重要的觀念傳遞給後輩們。

接觸咖啡的專業性工作

小塚先生認為：所謂的咖啡師，並非是指能拉花的人，雖然能描繪出漂亮拉花意謂著擁有某種技術，但那並非是專業工作的中心，因為咖啡師是接觸咖啡的行業，持續對咖啡保持興趣對咖啡師來說是非常重要的事。

同樣的，也必須對咖啡機持續懷抱著熱情及經常汲取咖啡豆的最新情報。而且，因咖啡之故，必須學會自在地接待或服務客人。

到了這種程度，才能讓一般人認同咖啡師是一項專業的工作。小塚先生今後將致力於提高咖啡師所得，像國外的咖啡師一樣，更希望能提升咖啡師的職業地位。

ブレンズコーヒー 青山花茂店

地址／東京都港區北青山3-12-9花茂大樓2F
電話／03-5469-8286
營業時間／星期一～星期五8時～23時
　　　　　星期日和國定假日8時～22時
公休日／全年無休
http://www.blenz-japan.com

髙山久美小姐

神奈川・川崎

Blenz Coffee 川崎店

高山小姐在2011年8月獲得社內比賽優勝，參加溫哥華Blenz Coffee舉辦的拉花大賽。觀摩其他咖啡師的過程中，感受製作牛奶拉花的樂趣。此外，透過參賽和他店的咖啡師交流意見和作法，也是一件非常快樂的事情。

因為偏好圓凸形的款式，所以經常使用。

拉花繪圖時所用的輔助棒，活用調酒用的鐵籤。

因為喜歡描繪細緻的圖案，所以將奶鋼杯的注入口敲成尖細狀。參加比賽時，為了避免與其他咖啡師的奶鋼杯混淆而於杯身上貼上貼紙。放入袋子裡便於保存攜帶。

石井美奈小姐

東京・汐留

Blenz Coffee 汐留市中心店

聽說剛進這家店時，石井小姐是不喝濃縮咖啡的。但選擇在Blenz Coffee工作是因為震懾於拉花之美後，也想親自嘗試看看。石井小姐也不斷的挑戰各種比賽，想要得到入選的肯定。

雖然使用店裡的奶鋼杯，但注入口有些許不同，此款為最喜歡者。

店裡使用的填壓器。底部平坦者較易於使用。

高山久美小姐

神奈川・川崎

Blenz Coffee 川崎廣場店

為了客人，
永遠保持對咖啡的熱情

深受萊拉・奧斯堡女士
所感動

看了榮獲咖啡界兩大比賽優勝成績的萊拉・奧斯堡女士之拉花作品，高山小姐受到了很大的衝擊。在此之前，自己的拉花作品，雖然偶爾能做出心形圖案，但總是做出不像葉片，反而像海藻般的圖案。

無法相信只是晃動奶鋼杯，就可以畫出這麼漂亮的圖案。

學習萊拉女士所教導的練習法，從心形和葉片開始練習，真正地開始了所謂的拉花。

2011年1月在名古屋的『café one』大賽中獲得準優勝。同年8月又在店內的比賽中得到優勝，也參加了溫哥華的比賽。「雖然比賽能見識到各種不同的情況，但自己內心中，對於咖啡師的認知仍不太清楚」

這些比賽是專屬咖啡師的比賽，所以參加者都被稱為咖啡師。

但對一般人來說，咖啡師就等於咖啡店的店員。高山小姐認為：就算這樣也無所謂，畢竟咖啡師的稱謂並非是最重要的，重要的是能讓喝咖啡的人感到開心。

參加比賽最快樂的事，就是在觀摩其他店的咖啡師後，能做出屬於自己的作品，透過和其他咖啡師的交流，得到更多更新的資訊情報。

擔任拉花藝術講師

參加溫哥華大賽時，首次到了國外，感受咖啡文化的不同，單就烘焙程度來說，就有專賣各種不同烘焙程度的咖啡豆店家，因此也真切地感受到：關於咖啡，自己還有很多需要充實、學習的地方。

高山小姐也在店裡擔任拉花教室的講師，這是一般民眾也能參加的拉花課程，擔任講師反而學到很多東西。例如、以Freepour拉花，也有人使用輔助棒來描繪圖案。

高山小姐認為：若想讓客人對咖啡產生更大的興趣，就必須加強自己在豆子或技術上的知識。國外的經歷讓高山小姐了解：除了提供咖啡給客人之外，最好對咖啡的各種相關知識也要有所了解。

ブレンズコーヒー　ラゾーナ川崎プラザ店

地址／神奈川縣川崎市幸區堀川町72-1
電話／044-874-8066
營業時間／7時30分～22時
公休日／全年無休
http://www.blenz-japan.com

石井美奈**小姐**

東京‧汐留

Blenz Coffee 汐留市中心店

在家也會
進行拉花模擬練習

開始拉花迄今已兩年

石井小姐之前在飯店的俱樂部工作，因對咖啡產生興趣，去觀賞JBC大賽時，見識到『小川咖啡』岡田章宏先生的藝術拉花而驚訝不已。

也看過澤田洋史先生的藝術拉花教本，見到澤田先生的拉花後，驚嘆之餘，石井小姐興起了「自己也想試試看」的想法。這想法成為她踏入調和咖啡領域的強烈動機。

踏入該領域約半年後，慢慢地有機會接觸咖啡機，但僅能描繪出心形，尚無法描繪出葉片。

一方面覺得很困難，一方面卻又覺得充滿樂趣。先前曾兩度參加公司內的比賽，也參加FBC國際網路上的藝術拉花比賽，終於也參加正式的大型比賽。

比賽前，石井小姐就算回到家裡，也會在裝了水的咖啡杯中，以奶鋼杯注入清水，以想像的方式進行拉花練習，一切努力只希望能進入決賽。

希望勿流於自我滿足

汐留市中心店位於辦公大樓區，一大早就非常熱鬧。所以，身為咖啡師的首要工作就是接待客人。

因此，我認為溝通能力是最重要的。雖然很喜歡藝術拉花，但除非工作上需要，否則會提醒自己不要過度投注於拉花，單純提供好喝美味的咖啡和可掬的笑臉。畢竟，拉花並不是裝腔作勢、自我滿足的工具。

牛奶拉花讓我開始對咖啡產生了興趣，繼而喜歡上咖啡的香氣。但起初只覺得咖啡很香，卻對咖啡很頭痛，所謂的頭痛是指一喝咖啡就會鬧肚疼。

日後才暸解那是因為「沒有喝到好喝的咖啡」。現在不僅喝咖啡，甚至每天都喝，為了確認過濾器，每天早上都必須試喝咖啡，當然也試喝濃縮咖啡，也覺得很美味。不管是拿鐵或卡布奇諾，只要是咖啡都很喜歡。

入行雖然只有兩年，卻覺得咖啡師的工作越來越有趣。

ブレンズコーヒー　汐留センター店

地址／東京都港區東新橋1-5 汐留市中心店B2F

電話／03-6215-8388

營業時間／星期一～星期四7時～22時30分、
　　　　　星期五8時～22時、星期日及
　　　　　國定假日9時～20時

公休日／全年無休

http://www.blenz-japan.com

BARISTA Tool Box

介紹便利新商品、機能優良的新商品（解說於P.65）
（詢問處／FBC國際公司　http://www.e-primal.com/esp_supply.html）

1 側邊噴霧器

奶鋼杯清洗內部的水切板。裝置於咖啡機側，不僅能讓機器周圍保持清潔，也能提高作業效率。美國『Intelligetsia』各店的標準配備。

2 SCAA萃取組合套組1

萃取杯組合（7.5盎司）有4個、橢圓型托盤（咖啡豆顏色‧托盤形狀）4片，萃取匙（不鏽鋼製）一支。

3 萃取組合套組2

萃取玻璃杯（5.5盎司）2個、萃取杯（7.5盎司）4個、萃取匙（不鏽鋼製）一支。

4 氟樹脂加工萃取匙

切水性佳，每次萃取過後，浸漬於水中清洗即可，非常方便。氟樹脂加工除菌效果佳，衛生性高。

5 氟樹脂加工奶鋼杯

大者20盎斯、小者12盎司。黑色為Rattleware製，綠色為update製。黑色和綠色的注入口略微不同，二者皆是塗抹兩層且經高溫燒過的氟樹脂加工品，不但堅固且可安心使用。

6 耐熱玻璃馬克杯

右方為13.5盎司的摩卡咖啡用耐熱玻璃馬克杯，左方為13盎司的玻璃馬克杯。澳大利亞的咖啡廳裡，一般都以玻璃杯提供拿鐵咖啡。以玻璃杯提供咖啡，可以享受牛奶和咖啡之間的層次之美。

7 咖啡杯

專門補給濃縮咖啡器具的「咖啡收集坊」商品。右方為6盎司，卡布奇諾用。左方為8盎司，拿鐵咖啡用。在國內也可以印上標誌或店名。

8 正規輸入品ANFIM咖啡磨豆機

在WBC（世界義式咖啡師大賽）獲得兩次第二名、兩次第三名的殊榮，實力堅強的薩米‧畢柯羅先生所開發的競賽機型（照片左端），擁有日本製機型1/100秒的時間設定，能夠實現完美的填裝。另外還有1/10秒的時間設定（照片中央），全部都是與飲食相關且通過安全檢查的正規進口器具，也有完善的售後服務。

接客強化書

咖啡師雖然是專業的稱呼，但只會這項專門工作是不夠的，因為身為服務業的一員，在接客的第一線工作，經常被要求須具備接客的高度意識和行動能力。到底該如何提高接客能力，以下是高人氣咖啡廳的作法。

以「咖啡師＝咖啡店人員」的思維，熟記各種工作內容！

【 學會咖啡以外的其他工作，才可能進步 】

咖啡廳招募工作人員時，不少店都直接打出招募「咖啡師」的旗幟。當然，也有招募「真正咖啡師」的店家。有些店家認為：與其說是「招募工作人員」，不如說是「招募咖啡師」來的更像咖啡廳。

想從事咖啡師工作的人，很少有人只是因為看見「徵人」廣告而前來應徵的，大部分的人都會先到店裡，實際看看店裡擺放哪種咖啡機，或確定店裡推出什麼樣的飲品後才決定應徵與否，想從事真正「咖啡師」工作的人，原本就該如此慎重。

咖啡師（BARISTA）是在吧檯工作的專業人士，有時也譯成「咖啡職人」。在知名的咖啡連鎖店星巴克，所以的工作人員都統稱為咖啡師。

但咖啡師的現場工作，並不是只有沖沖拿鐵或做做卡布奇諾而已，那只是工作的其中一部分，我想，這一點對從事咖啡師工作的人來說，應該能夠充分理解。

對店家來說，最想網羅的人才是以獨立為目標，學習經營咖啡廳的一切事宜，並能勝任店長任務，持續自我成長的人才。甚至，在教導後輩咖啡廳的工作之前，自己要先努力精進成長。反之，若無法將咖啡廳的相關工作教導給後輩，一心只想著如何經營自己店的人並不適合。

畢竟，心理若沒有將咖啡廳工作全盤記下的準備，身體也無法作足準備。若僅僅熱衷於咖啡，就無法學習其他的工作。咖啡師的工作若要進步，就必須熟練咖啡廳的所有一切。也就是說，懷抱著獨立開店的的專業意識工作，才是進步的不二法門。

【 就算是自助式店家，接客服務也很重要 】

咖啡廳有各種不同的型態，以咖啡為主的店、供應餐點的店、自助式服務的店、全方位服務的店、提供酒類的店等。

但有關於接待顧客方面，基本原則是相同的，只是操作方式不同而已。自助式型態的店

哪一個能獨立創業成功呢？

咖啡師＝在吧檯處理咖啡、飲品的專業人士

咖啡店人員＝能熟練地做出濃縮咖啡、認真地接待顧客、咖啡豆銷售應對。也能說明產品、回應業務上的知識、促銷的組合，熟練清潔工作，能專心營造良好氛圍。

若拘泥於咖啡師的定義、咖啡師的職業種類等問題，反而會忽略獨立等重要的事情。為了成為能獨當一面的咖啡師而不斷學習相關知識，才是邁向成功咖啡師的正確道路。

家當然不能省略接客部分。這是錯誤的迷思。對自助式型態的店家來說，雖然也有屬於自助式型態的接客狀況，但「接客服務」的重要精神，和其他型態的店家並無不同。

首先、自助式服務店家易形成櫃檯混亂的場面。就算不是忙碌的尖峰時段，偶爾來店的客人數較多時，就會造成櫃檯結帳混亂、客人必須排隊等待結帳的情況。因此，通常用於提供商品時說的「讓您久等了！」這句話，在自助式型態的店裡，當客人在櫃檯前等待結帳或點單時也必須說。

在自助式型態的店裡，客人點單後就等著咖啡做好。因此，找零錢時會重複地說「咖啡會自右方的櫃檯提供，請稍等一下，讓您等候不好意思！」。

「讓您等候不好意思」與其說是道歉的詞語，不如說是急於告知客人必須等待的意思。假若心想：看我很急的狀況，應該就會懂吧！但事實上，大多時候這些想法都無法正確地傳達至客人。所以，言語的傳達自有其重要性。

將這種接客的聲音準確地傳達給客人，也是自助式型態店的重要關鍵。

要確認客人是否聽得見蒸氣咖啡機旁自己發出的聲音，如果客人反問的情況很多時，就必須刻意地加強自己的音量。

說到櫃檯結帳混亂，客席間混亂的情況也很多。例如、擺放牛奶的佐料區是否有補充品，以及客人多的混亂狀況下，也常被要求擦拭桌子等。

因此。在吧檯進行萃取的同時，也必須時時注意客席間的狀況。

【「事先」解讀客人的需求】

氣象預報將有午後陣雨的日子，先將傘架放置於門口。此外，客人外帶卡布奇諾時，牛奶就會做的比店內飲用時稍熱一些。透過「事先」解讀客人的需求，提供更優質的待客服務。

所謂的謹慎細心、周到體貼等特質，雖然都受到與生俱來的天性影響，但透過「事先」解讀客人需求的訓練，就能夠擴大謹慎細心的範圍。

下雨天→地板潮濕→容易滑倒→勤拭地板→勤換門口腳踏墊。午餐時間→來店高峰時段→自助式型態店櫃檯前排隊人潮→大廳主管人員出現，幫忙調整吸煙席和禁煙席的空位狀況。如上所述，能事先解讀客人的需求而採取適當的對策，一點一滴累積之後，就能掌握整家店的狀況。

刻意做「看得到的事」，加強工作動機

【 關心客人的笑臉，也不忘展露自己的笑容 】

許多高人氣咖啡店的店長都認為：接待客人最基本的條件是「笑容」。

但是，「笑容」也有很多種。到底對咖啡店來說重要的笑容、美好的笑容，到底是什麼樣的笑容呢？

· 自然的笑容
· 嘴角上揚的笑容
· 不得不大聲接客的情況下，就算大聲會產生緊張感，仍舊能讓人感到輕鬆的笑容。
· 刻意的笑容不如輕鬆的笑容，尤其對男性咖啡師來說。
· 客人離開時，說著「歡迎下次再來」時展露的笑容。

因為不太容易知道自己的笑容到底屬於哪一種，所以最好對著鏡子多加練習。同時，也要多注意觀察其他工作人員的笑容，若是看見很棒的笑容，自己也會被深深吸引。和後輩聊天的過程中，也可以提醒後輩「你現在的笑容很棒喔！」

能認識自己的最佳笑容，就能夠自然而然地展露出來。

【 利用眼鏡、手錶等提高自己的能見度 】

咖啡師這份工作，露臉的機會相當多，如填壓咖啡粉、打蒸氣奶泡、拉花等時候。因此，刻意地提高能見度是一件好事，除了注意自己

的襯衫、圍裙或鞋子上是否有髒污之外，也要注意自己的姿勢、身體的角度等。

因為自己看不見背後，所以同事間最好相互檢查提醒。雖然特別注意外表打扮，但若制服破損也不行。

因為是飲食店，髮型和髮色最好也在一般人能接受的範圍。

建議不要配戴飾品或耳環，化妝最好也是飲食店可以接受的範圍。在這些條件下，能表現個性的小道具仍有眼鏡和手錶。眼鏡使用裝飾眼鏡亦可，偶爾改變眼鏡，工作氣氛也會有所改變。

手錶可測量濃縮咖啡的萃取時間，是咖啡師的必需品，因此最好選擇附有秒針功能的腕錶，太過豪華或太過重視設計的腕錶和咖啡師傅的工作並不匹配。

工作中的聊天，透過「現在的笑容很棒」之類的提醒，能更注意自己的笑容。（攝影／Blenz Coffee 青山花茂店）

何謂「好的咖啡店」？
何謂「好的咖啡師」？—思考看看吧！

【 自喜歡的店家吸收知識 】

「還想再來」的咖啡店，當然不只是咖啡師的技術優秀而已。

很多時候也因為店裡的氣氛。通常，讓人愛上咖啡的店家，「好氣氛」應該佔了很大的成分。這種「好氣氛」在成為專業的咖啡師之後，可再進一步地深入分析如下：

· 咖啡師流利的口條
· 容器精美
· 桌椅精心設計
· 工作人員的親切笑容
· 工作中的快樂模樣
· 咖啡師流暢的動作
· 咖啡師的完美拉花
· 專注於咖啡所呈現的感覺

透過這樣的分析，嘗試自己能做到的。不只是接待客人，在店裡當然不可能一次就學會所有的東西，所以自學的功夫也很重要，最好的自學方式，就是去喜歡的店裡，觀摩別人優良的接待方式，然後模仿學習。

【 參考異領域優良的接客方式 】

咖啡師是咖啡界的專業人士，只學習咖啡領域的知識到底好還是不好，看法各有不同。如同優秀的調酒師，料理的本事也很高，對咖啡師來說，烹調的知識和技術對工作也有所助益。

例如、製作甜點時，將麵粉和蛋白霜混合的步驟，就算迅速地攪拌混合，也無法順利融合。必須先倒入少許蛋白霜混合均勻後，再將剩餘的蛋白霜倒入，如此才能順利地進行混合動作。

這個理論和製作拿鐵咖啡時，注入蒸汽牛奶的道理相通。牛奶和濃縮咖啡混合均勻後才開始拉花，是牛奶拉花的訣竅。

另外，就如同鮮奶油的作法只要稍有不同，做出的甜點味道也就有所差異一樣，濃縮咖啡和拿鐵咖啡都很細緻，這是兩者的共通點。若發現類似這樣的共通點不斷增加，那就是進步的證據。

由此看來，搭配咖啡的甜點也可以深入思考。

同理可證，觀察其他業界的接客方式，也能發現值得學習的共通點。不管是拉麵店，還是迴轉壽司店，一定有其人氣高的理由。光靠價錢便宜並不能留住客人，接客態度不佳絕對無法讓客人再上門。

· 優美的聲音
· 甜美的笑容
· 親切的招呼
· 理想的櫃檯找錢方式
· 送客的方式

等，發現理想的接客方式後，再思考哪些可以採用。

若態度漠然，只傳達該傳達的訊息則無法提升接客的層級。要養成思考之後再行動的好習慣。

相互練習咖啡的
會話能力和解說能力

【 和客人之間的咖啡對話 是工作人員必須具備的能力 】

現在，客人對於咖啡有各種不同的要求，除了報導咖啡特集的雜誌不斷增加之外，前往西雅圖和澳大利亞等咖啡文化成熟區旅行的人也不斷增長中，因此，也愈來愈多客人指定要喝「自己的咖啡」。我想這種趨勢，今後仍將持續下去。

· 稍熱的卡布奇諾
· 雙份濃縮咖啡熱水加倍
· 牛奶少量的冰咖啡
· 美式咖啡的摩卡

面對諸如上述從沒做過的要求，我想：專業咖啡師不會以「無法做」來回應，反而會盡量滿足客人的要求。即使是無理的要求，咖啡師也會因為想要實現其中幾成的可能性而努力地學習。

而且，我建議讓這樣的體驗成為同事間共同的經驗。有什麼樣的指定或要求，透過共同交流討論，能提高經驗值。但是這樣的經驗共通，對獨自一人經營的店家來說，是不太可能做到的。

大家擁有共通的體驗，他人如此應對，自己或許不會這麼應對，可能會採取某些方式解決。

藉由這樣的思考，也算是一種發想訓練。或許當時當事人沒有想到的事情，也會在談話過程中被思考出來。

每天早上試喝濃縮咖啡時，不只是自己的感覺，也要聽取同事的意見，藉以增廣見識。

【 熟記點單上的咖啡味道 並具備說明能力 】

當被客人詢問「這是什麼味道」時，咖啡師能流暢地加以說明，也是咖啡師的接客術之一。

但我想：大部分都是得到「這不甜、很好喝」這種無法滿足客人期待的籠統答案吧！若一開口就說「我也不太清楚」，客人一定會感到很錯愕。若要這樣回答，不如請其他人代為回答。

但是，對客人來說，只會留下「這家店竟然有人對自家的咖啡不了解」的失望感覺。若發問的人是工讀生，也會認為咖啡師「只懂這一些」，反而轉向客人詢問。

有些咖啡店的工讀生，在休息時間可以選擇自己喜歡的飲料或咖啡來喝。

在這種情況下，我建議盡量不要選擇同樣的

飲品，最好選擇沒有喝過的飲品來喝。然後，最好能發表自己喝後的感想。

比起「喝」這件事，透過言語說出感想，更能讓記憶深刻。也要聽聽同事的感想，多聽聽他人和自己不同的表達方式，也能增加自己的表達詞彙。

【 提高說明力和解說力 】

在日本，咖啡的喜好，取決於混合的功力。例如、摩卡成為咖啡的代名詞且大受歡迎，藍山成為高級咖啡擁有高人氣。

但是，特種咖啡日趨普及，熱帶雨林咖啡、公平貿易咖啡、鳥巢咖啡等認證咖啡也非常普遍，這些咖啡都和混合無關，這一點證明了尋找自己喜歡咖啡的人口也逐漸增加。

愈來愈多咖啡店販賣咖啡時會先說明自家烘焙豆的咖啡產地、農場名、精製法等。作為咖啡的專業代言人，咖啡師對咖啡的說明能力顯得相形重要。

如同14頁所述，咖啡產地國的高度、環境以及精製方法不同，導致咖啡香氣特徵也不同的研習活動，如今也是咖啡師高度關心的目標。只是，萃取和對客人說明的方式並不同。

增加有關於咖啡味道的談話，也能增加跟味道有關的詞彙。（攝影／Blenz Coffee 青山花茂店）

對客人來說，淺顯易懂的說明才是重要的。類似「就像柑橘花香般」或「熟成的堅果系甜味」之類的用語，就算說明了也不容易懂。反而使用甘甜、酸味、苦味等詞彙較容易了解。其中酸味該如何形容是客人關心的重點。因為很多人並不喜歡咖啡的酸味，該如何正確表達酸味是很重要的。

・微酸襯托甜味
・酸味濃厚，後味甘甜
・牛奶巧克力的香氣後略帶酸味

諸如上述的說明內容，雖然無法立刻做到，但與其自己一個人試喝想破頭，不如和同事一起思考更有效果。

每天早上和同事一起試喝濃縮咖啡、更換濾杯時也一起試喝，然後針對咖啡的味道彼此交換意見，如此重複進行，可以鍛鍊對咖啡的說明能力。

客人的需求是接客的最新教材

「給我熱卡布奇諾」

「給我微甜的摩卡咖啡」

「以牛奶和豆奶作拿鐵」

「給我濃厚的卡布奇諾」

「請混合香草」

「冰拿鐵拉花」

來自於客人口中的各種要求，面對這些要求不能說「NO」，必須說「YES」才是專業。將客人的要求當成大家共同努力的課題。

模擬上桌前的
完整流程

【 測驗的緊張感
有助於提升接客能力 】

　　就算是以咖啡師為志願的人，一開始就讓你接觸咖啡機的店家還是很少。應徵咖啡師錄取後到接觸咖啡機這段期間，要先熟悉櫃檯的工作內容，其次，負責大廳的接待工作、熟悉廚房工作。

　　而且，若未經歷這些過程，很多店家根本不可能讓你接觸咖啡機。

　　咖啡師的工作內容原本就很多樣化，為了讓員工明白其難度，必須了解咖啡廳的基本工作才能稱為咖啡師。

　　或許是要考驗你是否能忍耐，也有可能是想要透過這種期盼的焦慮，等到真正接觸咖啡機時，才能體會真正的喜悅。總之，每家店都有其不同的考量。

　　熟悉櫃檯、大廳、廚房工作到某個階段時，許多店家都會進行考試。尤其是連鎖型態的咖啡店，員工人數多的情況下，為了作為是否能移調至下一個單位的判斷標準，許多店家都會採取測驗的方式。

　　這是為了避免員工心理產生「為什麼那個人才工作一個月就能調動至下一個單位，我卻不能調動」的不公平感。

　　僅擁有公平感的考試是沒有效果的。要舉行考試，必須揭示考試的目標，而且，考試本身具有的緊張感，對於提升個人能力有很大的幫助。

　　當然，必須考量試題內容，也必須考量考試時間的安排，即使是個人店，安排考試也具有某種意義。

【 比賽優勝並非全部、
必須採取平均高點 】

　　咖啡師中，不乏每天都練習牛奶拉花的人。公司內部也會舉辦相關比賽活動。不斷練習讓拉花更上手的態度是非常重要的。

　　只是，在現場做的很漂亮並非好事。因為比賽時講究的是集完美極致於一杯，但營業中，採取高平均分的方式很重要。

　　所以，必須練習從牛奶拉花到端上桌的整體流程，以及端上桌時的笑容、言語等能提高接客力的一貫練習。

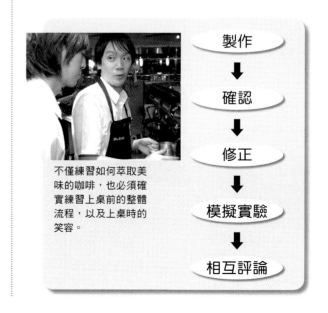

不僅練習如何萃取美味的咖啡，也必須確實練習上桌前的整體流程，以及上桌時的笑容。

製作
↓
確認
↓
修正
↓
模擬實驗
↓
相互評論

共同發想接客服務的
創意吧！

【 強化接客力的重點
在於持續動機 】

有些咖啡店在客人結帳離開時，會送客人到店外。送客人到店外時，很多客人也會說聲「很好喝，謝謝了」。這句話不但成為「做這份工作真好！」的動機來源。同時，也讓「能從事接客工作真好」的想法轉化成了具體的實踐。

想要提高接客服務的層次，強化接客的能力，比起每天不斷地學習接客服務，維持「接客是件很快樂的工作」的動機更為重要。所以，維持工作動機是非常有意義的。甚至，最好能營造提高動機的機會。

如前所述，將快樂、喜悅與同事分享，使其成為夥伴間共同的經驗是很好的。甚至，大家一起思考「送客」的場面是否可行，如果可行則共同努力實踐。

【 「做不到」和
「只能做到這樣」 】

就算很難做到全面禁煙的店，大多也能做到午餐時刻禁煙。

同樣地，忙碌的尖峰時段，雖然客人要求拉花是有些為難，但應該可以做到「幾點～幾點可以描繪心形和葉片形圖案」的要求。比起說「因為很忙，所以無法配合」，不如說「忙碌時段，只能做～」較能讓客人覺得這是家服務周到的店。

所謂「做不到」，在某種意義上是很簡單的，但用什麼辭彙代替「做不到」卻需要智慧。

這智慧可以請全體員工集思廣益，思考的過程也和強化接客能力有關。

　　　　※　　　　※　　　　※

在一般飲食店，負責烹調的人和顧客接觸的機會很少，料理者和顧客之間的橋樑是接客人員。相對於此，咖啡師這個角色，既可說是料理者，也可說是接客者。

咖啡店裡的咖啡師，擁有和其他飲食業不同的地位。

正因如此，咖啡師的工作面向很廣，不管是技術能力或溝通能力都須承受要求。必須兼具堅持的職人特質和飲食業者面對客人要求時柔軟以對的態度，這就是咖啡師的工作內容。總而言之，咖啡師的接客工作，無法靠自己個人學習就能有所進步，大都需要和其他工作人員一起思考、一起實行，才能夠愈來愈進步，這一點務必謹記在心。

■內容協助／Doubletall　Blenz Coffee

咖啡師獨立開業紀錄

愛知・名古屋
R ART OF COFFEE

11坪
・
12席

東京・代官山
BAR BIS DaBoli

6.7坪
・
12席

愛知・名古屋
presto coffee

15坪
・
20席

東京・恵比壽
猿田彦
珈琲

8.4坪
・
15席

愛知·名古屋

R ART OF COFFEE

▶ **R ART OF COFFEE**

地址／愛知縣名古屋市千種區楠元町2-65-5　富士大樓1樓
電話／052-752-2223
營業時間／8時～19時
公休日／第1、3個星期三
http://www.r-artofcoffee.com

2011 8月25日 開幕

從名古屋到島根面試

在島根縣安來市『CAFE ROSSO』面試後的寺田孝史，隔週就開始在該店工作了。

面試前忐忑不安，面試後也手忙腳亂地開始租房子，急於準備搬家事宜。寺田先生曾工作於名古屋市的外食企業，負責餐飲吧檯的工作，一心想著日後要獨立開家飲食店。雖然對於獨立開店的目標覺得茫然，但卻明白若在外食企業裡，能在擅長的領域工作對將來獨立創業會比較有幫助。

而且，跟同業比起來，強勢者對生意較為有利。

因此，腦海裡描繪著自己喜歡的咖啡廳雛型，同時也積極學習經營咖啡廳所需要的相關知識，所以經常買書或雜誌回家研讀。

島根的『CAFE ROSSO』就是在2005年或2006年出刊的雜誌上看到的。雖然沒有去過島根縣，但卻藉由雜誌知道了2005年在美國西雅圖舉辦的世界咖啡師大賽中獲得準優勝的門脇洋之先生。

當時，寺田先生對於咖啡師的工作內容，不但沒有具體的認識，更沒有萃取濃縮咖啡的經驗。但心想：能和「世界第二名」的人學習，一定能學到很多東西，在如此心動的情況下，毫不猶豫地就撥了電話。

電話那頭回答：「店裡有人辭職，正好缺人手」，於是就去面試了。事後才知道，原來想要到『CAFE ROSSO』工作的應徵者非常多。幾乎都需要安排時間，像我這樣能立刻面試的很少，我想我的運氣真的很好。

為了面試前往『CAFE ROSSO』，對寺田先生來說是第一次從名古屋開車到島根。直到店門口時，才驚覺「生平還是第一次開這麼遠的車呢！」

學習做甜點

面試時，門脇洋之先生面談的內容主要有三點。第一、要熟悉咖啡相關工作，需要2年的時間，如果第1年學到的東西太少，第2年就要有拚命學的覺悟。

第二、也要學習咖啡師以外的工作，具體來說，也就是製作甜點的工作。門脇先生開業前，也曾在甜點學校學習相關技術和知識。所以在『CAFE ROSSO』，咖啡所搭配的甜點也深具魅力。第三、要有兩年的時間必須住在安來市。

因為隔週就必須開始工作，所以也無法深入考慮太多。當時心中有點擔心：萬一我說「讓我考慮一下」，可能就會被下一個面試者搶得先機，說不定會失去這個工作機會。所以，面試後的隔週隨即到店裡工作。一開始當然是從製作甜點開始，但這個最初的經驗，對自己的工作非常有幫助。

細砂糖和上白糖會改變甜點的味道，而且，就算只改變了食譜上1公克的配方，也會導致整體味道改變。

所以，製作甜點必須非常細心。同樣的，一杯咖啡或一杯卡布奇諾也必須細心沖煮，因此才真正明白從甜點開始學習的真正意義。目前，寺田先生的『RART OF COFFEE』也推出烘烤點心及生鮮菓子。

例如木莓蛋糕、提拉米蘇、咖啡肉桂蛋糕、香草戚楓蛋糕。都是寺田先生藉助『CAFE ROSSO』的學習經驗在店裡製作的。蛋糕組合套餐為日幣900元，非常受歡迎，人氣很高。

兩年半辭職後又再歸隊

星期六、日有不少客人從安來車站直接搭計程車前往『CAFE ROSSO』。坐上計程車，只要告訴司機要到『CAFE ROSSO』，司機立刻就能服務到店。

現在仍有許多人因仰慕「世界第二」的咖啡師頭銜而來。寺田先生深深覺得「在這家被要求維持世界級品質的店裡工作，愈工作愈起勁」。從門脇先生身上不但學到了對於咖啡絕

不妥協的精神，就連沖煮咖啡時的職人氣質也非常重要。

寺田先生工作了兩年半後，於2009年回到故鄉名古屋。當時，正逢La marzoccoFB-80的展示會，因此學會了操作La marzocco FB-80，同時，也學習烘豆機PROBAT。這些都是非常寶貴的經驗。

雖然回到故鄉著手準備開業，卻苦於找不到開業地點。

正當此時，接到門脇先生來電「若尚未決定開業，可否再回到店裡幫忙」，於是再次回到『CAFE ROSSO』。2010年9月回鄉，約半年後又回到『CAFE ROSSO』工作。

引進Strada

開業時，引進了La marzocco公司的新型咖啡機Strada的EP（電子可變式操縱桿）。每一沖煮頭都能設定壓力及溫度，也有控制壓力的程式設計，設定後，即可準確地重複進行作業。

牆壁上的地圖是倫敦街道，由寺田先生親手描繪，其上貼的是寺田先生拍攝的倫敦風景。以單色印刷出來貼在地圖上，橫向的黑板塗料也是親手塗的。

　　此咖啡機型是寺田先生2010年在倫敦世界
咖啡師大賽中發現。因為聽說門脇洋之先生也
換成這一型，其弟門脇裕二也將『CAFFE
VITA』的咖啡機換成Strada機型，所以自己
也一定要試試。

　　此機型連壓力都能控制，最初先以6～7壓
力釋放氣體，然後再提升至9氣壓或13氣壓，
可搭配豆子進行調整。

　　一次直接升到9氣壓或慢慢地提升至9氣
壓，萃取出來的味道也會跟著改變，機器可以
做出恰當的對應。

　　維持豆子原有的味道很重要，Strada能完美
地做到各種濃縮咖啡的萃取法。

　　目前，濾杯可填壓24克，萃取各15cc的兩
杯。使用的濃縮咖啡專用磨豆機是Mazzer的
錐式刀盤。給男性客人的卡布奇諾是以奶鋼杯
拉花，女性客人則使用細籤描繪動物圖案，馬
奇亞朵（420日圓）也很受歡迎。

自己動手進行室內裝潢

　　因為店內使用的機器相當昂貴，為了儘量降
低花費，室內能做的裝潢都由自己動手做。廚
房和客席間的牆壁由自己漆上塗料後，寫上外
帶的商品項目，牆壁也手繪2011年1月倫敦
merukanta街道的簡單地圖，上面貼著自己拍
攝的倫敦風景照片。

　　櫃檯也是請木工師傅訂做後，由自己塗漆磨
平而成。店內空間有11坪12席，原是加利福
尼亞料理店，因此不作大幅度變動，裝修之後
隨即開幕。

「Lunch」的名稱很重要

　　咖啡提供濾式咖啡和按壓式咖啡。調和豆是
以巴西豆為基底的溫和豆（濾式咖啡400日
圓、按壓式咖啡450日圓）和以曼特寧為基底
的苦澀豆（濾式咖啡450日圓、按壓式咖啡
500日圓）。

　　曼特寧（日晒）、巴西（莊園、生豆）每月
一品（濾式咖啡480日圓、按壓式咖啡530日
圓）。每月更換的單一產地豆也以「本日咖
啡」之名作為午餐的附餐。

　　濃縮咖啡使用的調和豆以巴西豆為主。濾式

咖啡以Melitta萃取，至今所有的咖啡豆都從『CAFE ROSSO』進貨。

「在名古屋也能喝到ROSSO的咖啡，所以買豆的人很多，也有人因為味道很好而長期購買，真的很令人開心」，一位在義大利住了三年的客人稱讚「咖啡真的很香醇好喝」，這句話給了我很大的鼓勵。當然，開店時間很匆促，仍有許多需要修正改進的地方。

名古屋的喫茶店盛行早餐服務，因此店裡也開始這種服務，推出「只要付10杯咖啡的錢，就能享受11杯咖啡的優惠券」。雖然午餐推出帕尼尼組合，但後來發現「帕尼尼組合」的名稱，不如稱為「午餐組合」來的好，所以就更換名稱。

選出三種帕尼尼，再搭配甜點、飲料、沙拉、薯條組合而成的套餐，費用1050日圓。飲料可選擇本日咖啡、冰咖啡、冰茶和柳橙汁。

午餐組合的附餐飲料，不包含拿鐵及卡布奇諾以維持拿鐵及卡布奇諾的價值。『RART OF COFFEE』的「R」是源自於『ROSSO』的「R」字，取其為「ROSSO咖啡的分支」之意。

聽說寺田先生沒喝過『CAFE ROSSO』之前並不「喜歡咖啡」，若非加滿牛奶和砂糖，根本不想喝。

因此，喝到『CAFE ROSSO』的黑咖啡時，著實因其香醇的甘甜滋味而感到驚訝。從此之後，可以肯定地說自己「喜歡咖啡」，於是就將這樣的想法融入店名中。

將來也想在店裡放置一台當時在『CAFE ROSSO』學習烘豆時的烘豆機，放置的場所也已經決定，連煙囪孔都預留好了。

目前只能購入烘好的豆子，想到這裡，突然覺得能處理各種不同豆子的『CAFE ROSSO』，實在是很好的工作環境。目前店

廚房和客席之間的隔牆是自己塗上黑板塗料，再以粉筆寫下外帶商品項目。廚房裡也提供4種甜點蛋糕。

使用StradaEP咖啡機，磨豆機使用Mazzer的錐式刀盤。濾杯可以填壓24克咖啡粉，萃取兩杯15cc的咖啡。濃縮咖啡的配方豆以巴西豆為基底。

址所在的位置是從地下鐵車站徒步只需5分鐘的住宅區。

雖然附近短大的女學生往來其間，但人潮並不算多，入晚也特別安靜。話雖如此，『CAFE ROSSO』的地點雖不算好，但客人依舊絡繹不絕。

目前店裡使用『CAFE ROSSO』的咖啡豆，即使不甚了解『CAFE ROSSO』的知名度，純粹因喜歡咖啡味道而光臨的客人也日益增加，我想：地點不好應該不能拿來當作生意冷清的理由。

寺田先生想要效法門脇洋之先生，對咖啡相關之事絕不妥協、不馬虎，懷抱著「自家店咖啡最強」的信念，一步一步地往前邁進。

蛋糕和拿鐵、馬奇亞朵都很受歡迎。學習製作蛋糕這種細心的工作，對萃取咖啡有很大的幫助。

BAR BIS Da Boboli

▶ **BAR BIS Da Boboli**

地址／東京都澀谷區惠比壽西2-21-13
電話／03-5489-2299
營業時間／星期二～星期五17時～24時
　　　　　星期六・星期日12時～23時
公休日／星期一
http://www.bar-bis.it/
http://ja-jp.facebook.com/BarBISdaboboli

飄浮純義大利「氣息」的吧檯

　　若要以一句話來表達『BAR BIS Da Boboli』的氛圍，我想「離代官山車站徒步約20步的義大利」這句是最恰當不過了。充滿開放感的店面擁有2桌4席的露天座位，透過落地窗往店內望去，可以看見1桌2席的高腳桌座位和凳子以及站立飲用的櫃檯。更往裡面還有同樣1桌2席的高櫃檯座位和4席的閣樓座位，6.7坪的小規模店鋪總計有12個座位，空間安排可說相當理想。

　　你能想像客席間優雅的男女圍著桌子，一手拿著濃縮咖啡，愉快地談話聊天時，旁邊站立櫃檯處也不時傳來義大利人和店主人以流利義大利語交談的笑語。

　　不知不覺中，主客間自然地融成一片，店內充滿了整體一致的氛圍。這樣的景象，彷彿就像是義大利街角的吧檯。店主人山森薰先生所期待的「飄浮純義大利『氣息』」的店，就在客人的配合演出下，經過歲月一點一滴地累積起來了吧！

　　就以店裡純義大利的「氣息」來說，絕非一朝一夕可以醞釀出來的。由側面得知：正因為山森先生曾經在義大利學習過，才能將這種真正的「氣息」呈現出來。

　　更確切地說，山森先生一直以來對義大利所懷抱的無盡興趣，才是營造出這種氣息的主要原因吧！

　　頂著「咖啡師」身分的山森先生，對自己本身的專業成長也非常重視，「義大利風是什麼？吧檯風格是什麼？濃縮咖啡又是什麼呢？」「客人帶著求知若渴的表情發問各種問題，自己卻無法明確回答」「所以一定要去義大利，親身感受當地的氣息」。

　　無法壓抑內心的慾望，想前往義大利進修的想法更為強烈。

　　若說現在的山森先生仍自然地流露出這種想法，才能營造出『BAR BIS Da Boboli』的氣息，可真是一點也不為過。

店名為「Da Boboli」是源自於山梨縣好友所經營的義大利菜館名稱。將未來要經營飲食店的想法一併納入店名裡，店面以偉士牌骨董機車作為裝飾，相當有氣氛。

愈了解其深度，愈沉醉於其魅力！

讓山森先生至今仍努力不懈的咖啡，與其邂逅的過程，是連本人都料想不到的意外。大學主修電影的山森先生畢業後，就職於外資經營的高級花店。

乍聽之下，好像這份工作無法學以致用，事實上，這家花店是F1花關係企業的辦公室，對喜歡汽車和機車的山森先生來說，僅因「只想進到F1」這麼單純的理由來選擇工作的地方。

雖說是花店，規模卻像花藝設計學校般的大型，山森先生負責提供該校學生咖啡和甜點的工作。

公司買了濃縮咖啡機，雖然是家庭用小型咖啡機，卻在沖煮卡布奇諾時，學生耳語間不時傳來「好好喝」的驚嘆聲，任誰被稱讚都會覺得很開心。

山森先生因為這些讚美而大大地受到鼓舞，開始對咖啡產生濃厚的興趣。

當時，西雅圖連鎖咖啡店登陸日本成為一時的熱門話題，因為憧憬「咖啡師」的響亮名號而決定轉職。

山森先生在特種咖啡豆的大型企業裡工作，這確實是一份很適合的工作，尤其是沖煮咖啡時，內心莫名的快樂真是無法形容。咖啡廳附近的飯店經常有義大利航空公司的人員投宿，飛行員及地勤人員經常光臨本店。

看見他們不在乎咖啡沖煮的場所，接下咖啡後就當場一口喝下，然後離去。如此般的舉止模樣，看起來實在非常帥氣。

為什麼義大利人這樣喝咖啡呢？山森先生對此感到興趣而著手調查時才知道，原來濃縮咖啡的發源地就在義大利。

話說至此才想起：大學畢業旅行去到義大利羅馬時，當地人們就是這樣喝咖啡的。

那一瞬間，山森先生心中那份原本對咖啡及濃縮咖啡單純的興趣，變得更加地想要追根究底、想要了解一切。

因此，開始在網路上輸入關鍵字「義大利咖啡師濃縮咖啡」，尋找可以學習的地方，於是網頁最前列出現了某個BAR的名字。繼續點閱該店的相關訊息，越看越勾起內心對濃縮咖啡的興趣。

對此產生莫名悸動的山森先生有了「請讓我在這裡工作」的想法後，立刻寫了封信去。對方竟也有了回應，山森先生於是如願以償地在該店工作。

工作了一年之後，因為銀座周邊開了BAR，山森被詢問是否能過去幫忙，思及能學到不同的東西，於是換了工作場所。

在這裡協助尋找物料以及學到的開店經驗，對日後自己開店來說發揮了很大的幫助。在這家店也大約工作了一年，期間已經決定要去義大利，於是急忙著手進行赴義的各項準備。辭去店裡的工作尚未前往義大利之前的這段空檔，應要求協助了某家咖啡店成立，該店成立之後，就如期啟程前往義大利。

以無畏的精神開拓道路！

雖然茫然到了義大利，但並非就不工作。山森先生為了賺取生活費，在日本事先已經尋得一份米蘭特產店的工作，做好了萬全準備才啟程前往義大利。

住宿也是偶然得知中學時代的朋友正好從米蘭留學回來，所以才得以繼續承租他所居住的公寓。

話說，既然已經來到義大利，就順便到日後要工作的特產店走走。不料，這竟然是一家以日文和觀光客對話的商店。

此情此景，讓山森先生不懂自己到底為什麼來義大利，當下想都沒想就將工作辭掉了。這突如其來的變化，讓山森先生原先安排好的義大利生活產生了混亂。

自學的義大利語無法完全理解，精神上也處於工作無著落、積蓄捉襟見肘的不安狀態下，漫無目的地過了一個星期。

那麼到底該怎麼辦呢？無論如何都想在吧檯工作的強烈情感從內心深處不斷湧出。

此外，雖然在義大利稱不上是長期居留，但身體還是想要動一動，學習巴西武術卡波耶拉已經10年的山森先生，在一切尚未確定的同時，也尋找卡波耶拉的訓練道場，想要到道場走走。

但想到若和那裡的朋友若無其事地談到目前無業的話題，他們一定會如親人般地協助我，甚至幫我寫履歷表，就打消了此念頭。

因為心情抑鬱，只能意志消沉地將自己侷限於家中，連續數天只到附近的公園，在天空下埋首於學習語言。

基於「要和外國人愉快地交談，語言一定要上手」的想法，以自學方式精通義大利文和英文。目前積極學習法文，以全副精神埋首於工作中。

引進氮氣充填式的酒類調合機，山森先生一心投注於濃縮咖啡，同時也非常用心於酒類飲品。餐食內容約有10種，其中2～3種採購自山梨縣朋友所開的Da Boboli餐館。

因為這樣，自己的心情也開始有所轉變，終於決定帶著自己的履歷表到這裡的BAR毛遂自薦，走訪店家實際高達30家之多。

因為自己是日本人，總以「家中做握壽司嗎？」為開場白，如此不退縮的行為持續了一個月。其中有一家店讓山森先生始終無法如願，那就是高級服飾專業店「GUCCI」所經營的BAR。

吃了一次閉門羹後非常懊惱，每次想要再次前往，都會被門前的保全人員擋住。好不容易走到這個地步，絕不能放棄，於是抱著必死般的決心，藉機展示自己設計的卡布奇諾拉花照片冊，很幸運地得到了「你做看看吧！」的機會。

這時當然不能只做普通的葉片拉花，而是發揮日本人靈巧的雙手，描繪出天鵝及小狗等圖案，現場響起一片讚嘆聲。之後，經過三次的面試，終於成為第一個被錄用的亞洲人。

工作職場的氣氛很好，也受到服裝店工作人員的照顧。常利用休假日，背著背包到義大利各地的咖啡BAR觀摩，也結識了很多參加義大利咖啡師冠軍大賽的海外友人等，持續接受這些刺激，更加提高自己想做些什麼的念頭。

某天，從老闆口中聽說公司打算在海外開設第二分店，「可能在杜拜、紐約或銀座等地區，有興趣試看看嗎？」老闆試探性地問。我當時回答「決定地點之後務必告訴我」，沒想到最後竟然決定在日本。

就這樣在義大利學習將近一年後就決定回國了，連自己都想不到的義大利學習之旅，就此劃下了句點。

咖啡師就是專業的服務

在日本『GUCCI CAFE』是擔任助理經理的角色，負責開發菜單及服務作業等內容。工作約一年後，義大利的高級珠寶公司在日本開設咖啡分店，也參與了規劃過程。在這裡工作了約4年後，以自己理想的BAR為目標，興起了獨立創業的念頭。

雖然在最後的職場工作是負責管理，但下屬卻高達20人以上，工作也很有意義。但在「想讓客人感動」「想聽見客人說來這裡真好」等動力驅使下，毅然決定獨立。

收納用的冷凍庫上方設有閣樓席，有效率的空間使用，可以確保足夠的座位。店鋪設計使用CAD配件Vectorworks，由自己親自設計，用心地樽節開業資金。

說實話，決定離職後覺得有些後悔，畢竟是相當好的工作環境，為了讓自己的辭職有意義，無論如何都不能失敗，以實現夢想為目標獨立創業。實際上，山森先生獨立創業時，背後有位很重要的推手。那就是在山梨縣經營『Trattoria Boboli』義式餐館的高橋先生。高橋先生是山森先生回日本後認識且非常信任的朋友。

山森先生在『GUCCI CAFE』開業前，有2～3個月的空檔，在Foodex擔任咖啡師的示範工作。

談話中透露：高橋先生喝了山森先生的濃縮咖啡後，產生了「相當大的衝擊」。

高橋先生原本是木工師傅，有長達兩年的時間，利用父親蕎麥麵店的休假日經營預約制的義大利料理店。

認識了意氣相投的山森先生後，無論如何都想了解真正的義大利料理，35歲後遠赴翡冷翠積極學習料理，回國後創設『Trattoria Boboli』義式餐館，擁有劍及履及的驚人行動力。

從這位友人處借來濃縮咖啡機，然後約定料理方面的合作，最後決定獨立創業。

山森先生對於是否要開家約15坪的店，僱用人才協助料理，亦或是挑選10坪以下的店面，由自己1人經營等問題相當費心，深思熟慮後選擇了後者。

而且，耗時兩個月找到了位於代官山的店面。花了很大的心血，成功地將6.77坪這麼難以處理的直角三角形空間，改造成極具魅力的店鋪。

開業所花費的資金包括店面租金230萬日圓、內外裝潢費460萬日圓、器材、物料費180萬日圓、運轉資金100萬日圓，總共970萬日圓。自己的資金為450萬日圓，金融公庫融資600萬日圓，扣掉支出外的餘額，則作為流動資金。

開幕日決定於4月29日，也就是自己34歲生日當天。如此自己增添一歲的同時，這家店的歷史也會像年輪一樣多增加一年。原本像傳統的咖啡店一樣，從10點半營業到晚上12點。

但體力上實在不堪負荷，所以震災過後，為了響應政府的節電政策，改為平日僅晚上營業。

咖啡最低消費價為400日圓，只要2000日圓就可以享受BAR的輕鬆感。目前月營收額由125萬圓～180萬圓持續往上增加，損益平衡點為97萬日圓。

對山森先生來說，咖啡事業是結合人與人的溝通工作，連結的橋樑就是咖啡。對咖啡的堅持，絕對不是為了自己。

所有一切的堅持，終究都是為了讓客人能夠感受自然的氛圍與咖啡的美味。另外，說到咖啡師總是讓人不自覺地只將焦點聚集在濃縮咖啡的技術上，但山森先生所定義的咖啡師卻是擁有待客熱情的專業服務人員。除了好喝的咖啡之外，也需擁有酒類知識，甚至必須營造出客人來店後，能獲得高度滿足的空間。

這樣的附加價值比什麼都重要，店名裡的「BIS」在拉丁語中意謂著「第二次、再一次」之意，將「來過一次的客人能再次光臨」的渴望深深寄託於店名裡。

愛知・名古屋　# presto coffee

2010
5月8日
開幕

邂逅卡布奇諾拉花

『presto coffee』的商品選單左上處，從濃縮咖啡（單份400日圓、雙份470日圓）開始，依序為冰濃縮咖啡（470日圓）、美式咖啡（500日圓）、瑪奇亞朵（550日圓）、拿鐵（550日圓）、咖啡摩卡（600日圓），接著是酒類，再來是甜點、三明治等無酒精食品。

完全沒有滴落式咖啡，這是因為負責人吉岡利征想要維持當初以濃縮咖啡創業的初衷。

這當然是因為濃縮咖啡的獨特魅力，為了要突顯外食店的特徵，同時也不希望辜負專程而來的顧客，經過長時間的思考後，終於決定了目前這種經營型態。

學校畢業後的吉岡先生選擇了銷售的營業工作，就業時並沒有選擇外食企業的念頭，但成為上班族後，內心又湧起了學生工讀時「想要有自己店」的感覺。

吉岡出生於京都府。因為祖父母都在名古屋，所以名古屋是再熟悉不過的地方，大學也進了名古屋就學。

就學期間曾在Asian Dining打工，該店的負責人僅23歲，認識這個人後，吉岡心裡就一

直希望能擁有一家屬於自己的店。

於是，辭掉了就任的公司，又回到之前打工的Asian Dining店裡，一週工作6天。

自此開始思考自己想要開什麼店，也開始刻意地儲存創業基金。因為Asian Dining是晚上營業的店家，所以，白天吉岡在星巴克咖啡工作，甚至，晚上還到宅急便進行包裹分類的工作。但這實在是體力上極大的耗損，終究不得不選擇放棄。

後來，在健康保險公司以特派人員身分工作，星期六、星期日則在咖啡廳打工。據說在星巴克咖啡打工的經驗，讓吉岡開始意識到自己的店＝咖啡店的概念。

▶ presto coffee

地址／愛知縣名古屋市名東區一社1-46-2　ETOI LE社1階
電話／052-977-5331
營業時間／星期日・星期三・星期四 13時～23時（L.O 22時30分）星期五・星期六13時～24時（L.O 22時30分）、星期日・國定假日13時～16時30分（L.O 18時）
公休日／星期二

吉岡先生也開始進行各地咖啡館的巡禮，去了島根的『CAFE ROSSO』之後，決定去喝門脇洋之所做的卡布奇諾拉花咖啡。

到了『CAFE ROSSO』時，客席間全都已經坐滿，只剩下櫃檯邊的位置是空的。在雜誌上看到的門脇先生本人就在眼前，內心真是緊張萬分。雖然點了卡布奇諾，但因為太緊張完全不記得咖啡的味道如何。

但咖啡端到眼前時，只覺得「好漂亮，很好喝的樣子啊！」，當時「如此令人心跳加速的咖啡，真的很難令人相信！」的感覺，至今仍無法忘記。

雖然在星巴克咖啡工作很快樂，但卻學不到像卡布奇諾拉花這樣擁有附加價值的咖啡，這時心裡才明白：有些咖啡是連鎖咖啡店無法供應的。

濃縮咖啡的附加價值

看見極度專業的卡布奇諾拉花技巧，讓吉岡先生對咖啡的好奇心更高。好喝的咖啡豆是什麼？最佳口感的烘焙是什麼？許多問題不斷湧現。於是，從名古屋到東京‧世田谷參加「堀口咖啡」的研習課程。

在此研習中，學習萃取咖啡前的相關知識，也就是學習選擇生豆、豆子的分級，烘豆技術等。

選擇豆子時，透過郵購取得全國各地各家烘焙的咖啡豆，以滴落或按壓方式萃取後試喝。過程中，吉岡先生體認到「因為大家都能透過郵購採買各地知名咖啡店的咖啡豆，所以只要咖啡豆品質好，咖啡廳甚至沒有吸引客人上門的魅力」。

因此，更堅定要經營「以濃縮咖啡之附加價值為主」的一家店。

雖然很多人都能在家中享受美味的咖啡，但真正的濃縮咖啡在家中是無法品嚐的。當然也有家庭用的小型濃縮咖啡機，但只有專業用的咖啡機才能詮釋真正的咖啡美味。

所以吉岡先生心中更加堅信：要開一家「以

店內空間為15坪‧20席。櫃檯及其上方皆為藍色，其他則為白色。因為La marzoccoFB-80而定調為白色，擺放位置也是自己決定的。椅子是Christophe Pillet（克里斯多福‧皮耶）的家具。

濃縮咖啡為主力、只有這家店才能喝到」的咖啡店。

一人咖啡館

開業之初，決定從「堀口咖啡」集團購入咖啡豆。

因為透過研習，學會了處理咖啡豆的方法，所以感覺上比較心安。決定使用La marzocco FB-80，是因為其為WBC（世界咖啡師大賽）的指定使用款。

顏色也決定挑選白色，磨豆機則使用Mazzer的錐式刀盤。因為不曾在使用La marzocco FB-80咖啡機的店裡工作過，所以開業前還特地帶著咖啡豆和牛奶到LUCKY-CREMAS展示間，不斷地重複練習。

雖然周末工作的咖啡廳裡有Chinbari咖啡機可以稍作練習，但因為店裡主要是做早餐，所以才會到LUCKY-CREMAS展示間練習。

於是，依照自己的想法，單純販賣濃縮咖啡

的店就這樣開幕了。雖然有時也會冒出「大費周章就只賣濃縮咖啡而已嗎？」的想法，有時也會擔心只販售濃縮咖啡會不會有愛出風頭之嫌，但內心還是想要如此堅持下去。

這家店原本是建築辦公室，櫃檯部分是沉穩的深青色，牆壁是白色。

使用深青色也是開幕前才決定的，擺放在深青色櫃檯上的La marzoccoFB-80咖啡機則選用白色來搭配。

店內也決定自己一人打點，雖然一開始是因為沒有多餘的人事費用，但一人熟練且愜意地在店裡忙東忙西的身影，反而讓人留下「瀟灑帥氣」的感覺，比起美國式輕鬆休閒的咖啡店風格，感覺更像歐洲有服務生的咖啡店。

在名古屋的喫茶店裡早餐是絕不可少的，但對京都府出生的吉岡先生來說，對沒有早餐一事完全沒有抵抗力。

開業前預定早上11時開店，現在則是下午1點開店。這也是在籲告客人這是家「沒有午餐的店」，吉岡先生非常堅持不提供午餐附餐的咖啡。

從濃縮咖啡為首的商品選單。開幕三個月後，加入了葡萄酒和德國啤酒的選項。入夜後，淋上蒸餾酒的咖啡冰淇淋（Affogato）也很受歡迎。

三明治B.L.T大小的為750日圓,若附上拿鐵(550日圓)則為1300日圓。因為拿鐵很好喝且光臨的客人很多,真是非常慶幸。

但是一個人要包辦店裡大小所有事,也有諸多困擾。

光是點單多時就非常辛苦,有時正在打蒸汽奶泡,又要確實掌握製作卡布奇諾的最佳時機,再加上客人同時要買單結帳,一個人實在是分身乏術。

充滿Lounge的魅力

店周圍公寓、住宅林立,因此,為了同時呈現咖啡店和Lounge的兩種面向,開幕約三個月後,販售商品裡加入了啤酒和葡萄酒的選項。

啤酒是德國的ERDINGER啤酒(700日圓)。葡萄酒則選用法國製紅葡萄酒(玻璃杯裝650日圓、瓶裝3500日圓)和義大利白葡萄酒。

略有知名度後,平日晚上9點後來店的客人增加了,有些人會將這裡作為第二攤的場所小酌一番,然後再慢慢散步回家。

也有人回家前先喝杯咖啡,等到略微清醒後再回家。周末晚上8點以後的客人也愈來愈多。

在這裡,連續喝兩杯拿鐵的人也不少,因此漸漸地被當作夜晚放鬆的店家且名聲愈來愈響亮。

為了做出適合夜晚喝的溫和咖啡,吉岡先生開始思考添加酒類的調和性飲品。

例如、以雪克器急速冷凍的發泡奶油咖啡,淋上蒸餾酒做成的「CAFFE・SHAKERATO＋蒸餾酒」。

提拉米蘇冰淇淋上澆淋濃縮咖啡和蒸餾酒的「提拉米蘇冰淇淋濃縮咖啡」也成為晚上時段的高人氣商品。目前正在研發如何將濃縮咖啡和法國白蘭地混合的飲品。

提升店內的氣氛

目前,店裡的咖啡部份,除了只販賣濃縮咖啡這點不變之外,還有三明治和一些甜點,也增加了啤酒和葡萄酒。

開幕之初,甜點就只有淋上蒸餾酒的咖啡冰淇淋(Affogato)。其他僅有濃縮咖啡和濃縮咖啡品項而已。

「開幕之初,為了準備這些,真是絞盡腦

咖啡豆是從堀口咖啡進貨。會先問需要「熱咖啡」的客人喜歡什麼味道,再以雙份濃縮咖啡對應適量的熱水。

汁」吉岡先生回憶道。現在店裡的甜點還有蔓越莓司康（220日圓）、布朗尼棒（250日圓）、巧克力司康（200日圓）。

因為店裡只販賣濃縮咖啡，所以客人理所當然地無須思索就直接點「熱咖啡」。

這種情況下，吉岡先生會先詢問客人「喜歡清淡的味道」，還是「喜歡原本的味道」後，再做出雙份濃縮咖啡60cc＋適量熱水的咖啡。一年半後的今天，最常被指定的就是拿鐵咖啡。

店面有15坪，20個座位，其中有4個座位是櫃檯席，桌席有16個座位，桌子的配置也完全由自己決定。

椅子則選用法國克里斯多福‧皮耶的設計作品。吉岡先生對於仿古雜貨和杯具擁有濃厚的興趣，從倫敦、巴黎買回的仿古杯子也放在店裏作為裝飾。

櫃檯處放置的陳舊皮箱也是仿古品，今後將會繼續以這樣的仿古雜貨來強化店裡的氣氛，這也是吉岡先生的樂趣之一。

就像店裡提供家裡喝不到的濃縮咖啡一樣，營造在家無法品味的氛圍也相當重要。雖然增加了販賣的商品項目，但最初創店的概念，仍在吉岡先生心中沒有改變。

牛奶拉花教室

目前，利用營業前的空檔，為想學習拉花的人開設拉花教室。當然是因為來店喝咖啡的客人中，不少人都希望吉岡先生可以開班授課。男性客人中雖然有些人目前只會做滴落咖啡，但希望將來也能成為濃縮咖啡的專業人才。女性客人中也有些人純粹只想學習描繪圖案而已。

雖然動機各有不同，但就像當初的自己懷抱獨立創業的夢想一樣，若能從這裡展開自己的夢想之路，也是一件很開心的事情。

2011年9月，為了第一次參加的SCAJ（日本精品咖啡協會）而暫停營業。吉岡先生開始在星巴克工作時是2005年，開業時的2010年是31歲。

第一次參加SCAJ（日本精品咖啡協會）時，深深感受咖啡業界的變化。對於咖啡豆的烘焙，吉岡先生也非常在意，也想要藉由參加咖啡師大賽來磨練自己的技巧。

今後想要更深入研究濃縮咖啡的味道，讓更多人喜歡濃縮咖啡、讓每個人都能享受咖啡的樂趣。目前，覺得自己正往目標中的咖啡之路邁進。

店裡也販賣咖啡豆。200g1300日圓。每購買200g就蓋一個章，集滿5個章就能免費兌換一杯咖啡飲品。

東京・惠比壽

猿田彥珈琲

▶ 猿田彥咖啡

地址／東京都澀谷區惠比壽1-6-6
電話／03-5422-6970
營業時間／星期一～星期四 8時～17時
　　　　　星期五 8時～19時
　　　　　星期六10時～22時
　　　　　星期日10時～19時
公休日／全年無休
※無網頁

2011
6月8日
開幕

咖啡相關的組合商品

從JR惠比壽車站徒步2分鐘。中途，橫向通過大型特種咖啡連鎖店後，眼前隨即出現店面略顯狹窄的咖啡店。

招牌看板上橫寫著「SARUTAHIKO COFFEE」，旁邊還有以漢字寫著「猿田彥」的標誌。自然地呈現出日、洋並存的樂趣。可想而知，一定有不少人停下腳步，看著招牌心想「這是什麼？」。

2011年6月開幕以來，這種現象在『猿田彥咖啡』門前不知重複多少遍，即使到現在仍是極為常見的場景。而且，偶然透過玻璃窗向店內望去，映入眼簾的是如鰻魚苗床般縱長的店鋪。

前方有客席，內側隔成廚房和空間各半，踏入店內，放置濃縮咖啡機的地方，咖啡師正在沖煮咖啡的畫面，不管從哪個角度看來，都令人陶醉。

菜單有「滴落式咖啡」（小380日圓、中480日圓）、「拿鐵」（小380日圓、中450日圓）、「蜂蜜拿鐵」（小420日圓、中480日圓）、「咖啡摩卡」（小420日圓、中480日圓）、「美式咖啡」（小400日圓、中450日圓），都能做成熱的或冰的。

還有「濃縮咖啡」（s350日圓、w400日圓），加上以法式濾壓壺沖煮的「早晨咖啡」（300日圓）。

此外，季節性的商品則提供冬季限定的「黑糖薑汁蜂蜜拿鐵」（小420日圓、中480日圓）等。

除了咖啡之外，還有冰、熱「可可亞」（400日圓、中480日圓）、「柳橙汁」400日圓，甜點類有「巧克力鬆餅」380日圓、「藍莓鬆餅」380日圓、「抹茶磅蛋糕」250日圓、「雪球」200日圓等。

而且，每100g580日圓的咖啡粉有六種，都是為人熟知的商品組合。

從某種意義上來說，很適合8.4坪小規模個人店的商品組合，當然也有人認為這家位於高級地段的店鋪，應該能販賣更有人氣的商品才對。但因為這樣的商品組合，讓店主人大塚朝之先生清楚地了解「咖啡店」這種行業的明確定位。

受助於咖啡店的體驗，
成為創業的原點

開業之初，大塚先生所描繪的『猿田彥咖啡』概念是「只要一杯咖啡，就能讓客人感到幸福」。

這所謂的「幸福」並非指因為咖啡好喝而帶來的感動，而是指「讓眼前的人笑、觸動人之心弦、讓人心生感動」之類的幸福感。雖然自己擁有做出美味咖啡的自信，但終究不想成為僅因咖啡好喝而讓客人感動的店。大塚先生心中所憧憬的店，就是這樣的店。

店內正面有收銀櫃台，往內能欣賞咖啡師萃取咖啡的畫面。收銀櫃台上陳列著甜點，不少客人搭配咖啡食用。

因為咖啡原本就是奢侈品，人類就算不喝咖啡，還是可以活下去。但也因世上有了咖啡這種東西，才讓人類的生活內容加倍豐富。一杯咖啡入口後的感覺，當然每個人都不一樣，區區一杯咖啡可給予多少人滋潤，大家內心都明白。

大塚先生深受咖啡魅力吸引，源自於以前曾數度被「咖啡」療癒、被咖啡幫助。那是咖啡專門店的空間所產生的魅力，以及能感受店裡工作人員有形無形的溫暖。

一開始最大的契機是大學時代的體驗，大塚先生國中畢業準備升高中的這段多愁善感時期，想當藝人從事演藝相關的工作。

就這樣一邊累積了許多演出CM及電影的經驗，一邊度過了善感的青春期。如果過著一般學生生活，一定無法體驗置身於現場的感受，同時，也深受電影導演或製片照顧，身心都受到鍛鍊。

但另一方面心裡也產生「不了解自己到底是為了誰而演戲」的自我矛盾。其間發生了某件事，終於讓自己妥協了，那就是發現了自己不喜歡與人說話的事實。

不喜歡和人說話並非僅限於演藝現場，大學時也是如此，在幾乎不和人交談下度過了學生生活。

這樣的大塚先生唯一能說話的地方，就是自家附近的特種咖啡連鎖店。

大塚先生每天都去，每次都待上2～3個小時，喝2～3杯咖啡。甚至曾經一天去了好幾次，總共待了8個小時。

即使如此，這家店裡的員工無一露出厭煩的表情，當時和店裡工作人員交談的情景，對大塚先生來說，是獨一無二的珍貴時刻。

「僅是客人身分的我，經常被邀請參加工作人員之間的歡送會、歲末聯歡會、新年朝拜等活動，被當作朋友般對待」。

對大塚先生來說，這裡是唯一與社會有連結的場所，也是讓內心充實，生活中不可缺少的地方。

這種場所的存在，應該對人類精神上有些許幫助吧！原本咖啡店就是喝咖啡的地方，但卻不是只能品嚐咖啡味道的地方。

除咖啡味道之外，店裡的氣息以及人我接觸的片刻，都能給予客人咖啡之外的幸福感。大塚先生揭示『猿田彥咖啡』的主要概念「只要一杯咖啡，就能讓客人感到幸福」，就是源自於這個體驗，也可說是自己從事咖啡工作的「原點」。

以熱情覓得好地點

大塚先生開始從事咖啡生意的第二契機，就是在咖啡專門店工作。雖然以前在大企業的特種咖啡連鎖店感受到無比親切的對待，但並沒有想到自己會在咖啡店工作，因為咖啡店畢竟是客人使用的場所。

大塚先生開始在咖啡店工作時約25～26歲，這時的他又恢復了當演員的自信，正積極地埋頭努力中，但偏偏運氣不好，在工作場合捲入了糾紛。同時，因某些原因，使演員之路更加艱辛。

在如此心神不定的時期，一位幼稚園、小學一起長大，在咖啡專門店擔任店長職務的朋友，邀我一起工作。

在這家滴落式咖啡店裡沖煮咖啡以及做咖啡豆秤重買賣時發現，這和以前自己從外面看的面向不同，在此能真實感受咖啡的深奧。就這樣被咖啡買賣的魅力所迷惑，也在此研究咖啡的過程中，有了獨立創業的念頭，帶領自己往理想的咖啡專門店邁出了第一步。

有了這種想法後，立刻開始積極尋找適合的地點，任職的咖啡專門店希望我在找到店面之前，繼續留在店裡幫忙，就這樣繼續工作著。

有靠背的椅子是澳大利亞小學低年級使用的課桌椅。四角方椅是日本小學工藝教室使用的。桌子、長條椅也大都是木製品，能散發出溫暖的感覺。

感恩幫助過自己的人，理應培育另一個咖啡師，但卻沒有多餘的時間。大塚先生苦笑著說：「助理都說這是遇過最嚴格的店」。

大塚先生心目中理想的地點是車站附近，10坪以下的路邊店面。

最初考慮在當地創業而尋找店面時，發現店租比想像中貴很多，而且，自己心中理想的店面在住宅區相當難找，所以重新考慮後，決定變更地點。其次，我查勘附近有中學、高中的吉祥寺，但也無法找到條件適合的。然後再到三間茶屋尋覓，仍舊行不通。這期間偶然得知惠比壽的仲介資訊，親臨現場勘查時，發現仍不是自己喜歡的店面。

就這樣空手而回時，像突然想到了什麼似的，到惠比壽的街上來回尋找，不經意發現現在的店面。

從車站徒步約兩分鐘的路程，面對大馬路，背後緊鄰著辦公大樓等條件，對於不僅在店裡販賣，也打算以外帶為主軸的經營型態來說，是絕佳的地點。

包含露天席共有15個座位的小規模店鋪，外帶的營業額就是生存命脈。目前的營業比例為外帶佔平日營業額的7成，星期六也佔了5成，大塚先生在選擇開店地點上確實有先見之明。

店裡的裝潢幾乎都出於自己的手，大幅減省了內外的裝潢費用。本著「能散發出溫暖感覺，讓人覺得幸福」的想法來進行店裡的設計。

不但幸運地找到開店地點，地主對大塚先生的咖啡買賣也有很高的評價。想要承租這店面的商家共有5家，但大塚先生每天早晚都去仲介公司，如此持續了一個星期，以展現他的誠意。

帶來的企劃書中也密密麻麻地寫滿了自己的經營概念、自己對咖啡的熱情、面對客人的意義等充滿說服力的內容，實際份量高達25頁。

在眾人協助下終於獨立創業

當初創業資金設定於300萬日圓以內，但店面地段價格相當高，最後花了365萬日圓。包括店舖頂讓費300萬日圓、內外裝潢費25萬日圓、生財器具、備品40萬日圓。

因為是營業30年以上的喫茶店連店帶貨一起頂讓，只有一台冷凍冷藏庫，因此必須另外再買一台補足，正好有認識的咖啡廳要換新的冷凍冷藏庫，所以將原先使用的以1萬元出讓。

內外裝潢費25萬日圓其實很便宜，但因為資金不足，大部分都是自己動手做，朋友也義務地給了很多協助，所以才能控制在這種價格內。

牆壁重新粉刷，牆壁側的長條椅座位，也鑲上可拆式沙發。

高櫃檯也是自己做的，水管線一半拜託業者，一半是自己處理才得以完成。承租店舖才第4～5天時，就發生水管線破裂的麻煩事，推測可能是因為房屋太老舊，受地震影響的關係。

大塚先生反而逆向思考地認為還好是發生在開業前，趁此機會正好可以往營造理想空間的目標再邁進一步。

話說，問題還是在資金面。雖然已經透過澀谷區的信用保證協會向銀行貸款，但開業前融資還未放款，只好和周邊友人開口借調200萬日圓。

其中100萬日圓是由一位朋友幫忙籌措的，這幫了我很大的忙，但即使如此還是不夠，哥哥不忍心地借了我200萬日圓，總共借了400萬日圓，其餘作為運轉資金，終於達成了開店的夢想。

因為資金不充裕，也無法購入新咖啡機，就將原先家裡用的咖啡機搬到店裡使用。

這是約30萬日圓的中古營業用咖啡機，性能很好，一天萃取50杯左右的咖啡，就算餐廳使用也沒有問題。但畢竟是咖啡專門店，使用起來總覺得有點不安。

那是開幕當天的事了。開幕場面非常熱鬧，到傍晚為止湧入超過200的客人數，在店裡目睹這一切的母親，認為這台咖啡機難以應付這麼多客人，於是除了當連帶保證人之外，還借我租借費，才得以引進這台高性能的咖啡機。現在，這台咖啡機一天可以萃取100～120杯的濃縮咖啡或拿鐵。

「若沒有母親的支援，營業也將陷入危機」大塚先生撫著胸口鬆口氣地說。

信用保證協會的融資結果，於開幕半個月後終於撥款下來，能貸出350萬日圓，全部作為還款和投資新設備等使用。

2011年6月開幕的『猿田彥咖啡』，開幕

朋友建議：「就以開鑿山路的大神『猿田彥』為店名吧！」我覺得這是很好的提議，於是採用這個名字。之後決定開設惠比壽分店時，偶然間得知惠比壽神和猿田彥大神是一起參拜的事實後，自己也感到非常驚訝。

營業5個月後，目前平日的客人6～7成都是常客，營業額也順利往上攀升。

最低單價近600日圓，一天約有100多人來店。7～8月的營業額約90萬日圓，商品販賣額也高達2倍約180萬日圓，目前的損益平衡點為150萬日圓。

咖啡店從開業到上軌道的8月為止，週遭的朋友們總是義務地給予協助和鼓勵，因此才能度過嚴苛的考驗。

為了回報這些人的恩情，誓言絕對不會忘記自己當初開業的熱情。

店裡不提供輕食等其他食物，而將重點放在以咖啡為主的飲品上，大塚先生說：這意味著雖然無法做出純正的料理，但對咖啡的味道卻有絕對的自信。

現在雖然是要求多樣化的時代，但有一項特別具有號召力的販賣物也很重要，只有咖啡並非負分，可以透過作法將其轉化成加分。

店裡的經營能順利步上軌道，沒有周圍親友的協助根本無法做到，所以為了這些關心我、幫助我的人，我一定要將店做大，不忘初衷地將店舖開展下去。

所以有了「只要一杯咖啡，就能讓客人感到幸福」的目標。大塚先生堅信：咖啡擁有潛在的神祕力量，每天都要為客人做出最完美的一杯咖啡。

就算使用濃縮咖啡機，還是能看出技術上的差別。大塚先生說：品質好的原料、品質管理、萃取技巧比什麼都重要。因為是小規模店面，必須隨時關注營業時發生的大小事情。

打工假期 in MELBOURNE

咖啡師體驗記

文‧照片 大西正紘

 ### 咖啡店之晨

墨爾本咖啡店的早晨顯得異常忙碌,工作人員6點半到店裡,分別就廚房、吧檯、大廳進行開店的準備工作。

然後,7點準時開店。因為準備時間非常短暫,所以清潔工作必須在前一天打烊後進行,完成後方可下班。

幾乎和開店同一時間,客人也陸續進到店裡。每天都會有固定的客人,在固定的時間來到店裡。而且也都固定點「熱卡布奇諾」或「拿鐵加少許牛奶」等。所以,一旦熟悉後,只要看到店外「某某客人來了」,就會立刻著手沖煮客人平常習慣喝的咖啡,等到客人一坐上吧檯座位後,立刻就送上一杯咖啡,同時口中招呼著:「今天真早啊!」,讓客人一早就感受到無比的喜悅。

記住常客及其喜好,不但可以提升咖啡製作的技術,咖啡水準也能穩定,才會被認可為專業的咖啡師。

我所工作的『The Premises』,平日提供的咖啡數約200杯,假日則為500杯。不論哪家咖啡店都是傍晚5點鐘就打烊,所以總是非常忙碌。

平日由1個人負責站在咖啡機前製作咖啡,假日則由兩個人分別負責萃取和注入牛奶的工作,中間可以交換負責的項目。拜這份體驗所賜,確實地能感受到速度的提昇。

若隔天是公休日,完成清潔工作打烊後,大家一起喝杯啤酒可說是最高享受。

順便一提,墨爾本人一天平均喝3杯咖啡,所有商品中最受歡迎的是拿鐵咖啡。

因為咖啡店到處可見,非常方便,所以,大部分的人都覺得:與其在家裡喝,不如在咖啡廳喝。

但是,入夜後澳大利亞人是不喝咖啡的,因此,不管哪家咖啡廳都是營業至傍晚5點為止。就算晚上想喝咖啡,也找不到能喝咖啡的地方,這是我來到此地看到最驚訝的事。

✈ 就業

2010年11月，我拿著墨爾本打工假期的簽證，踏上了澳大利亞的土地。由於有活躍於墨爾本咖啡業界的熟人推薦，我提出履歷表的三家咖啡廳，全部都願意給我三個小時的時間，讓我現場展現我的技術，最後都正式地錄取我。五年前身邊都沒有真正咖啡師資格的朋友，我好像投遞了近100封的履歷表。

其中僅少數店家願意試用，聽說幾乎所有的店家都不看現場的技術，僅憑著履歷表就拒絕了。

這些店家同樣地也非常重視咖啡師的獲獎經歷，因為我擁有3次參加西雅圖咖啡慶典的經驗以及曾在紐約舉辦的拉花藝術大賽當中，有著榮獲第二名的殊榮，所以，試用時也展現了我現場製作的技巧。

我在墨爾本的『The Premises』度過了好長一段時間。

The Premises

以咖啡師身分工作中的我。雖然拍了很多照片，但自己入鏡的卻很少。

濃味咖啡、本日咖啡為單一產地咖啡。因每週更換，需準備2～3種的沖泡頭濾器。

澳大利亞國內也有舉辦好幾場咖啡師大賽，我也曾參與了2011年1月的AASCA（Austol Asian Speciality Coffee Associacion）維多利亞州的拉花大賽，得到第二名。

緣起

受到父母親喜歡咖啡的影響，家裡也經常喝

享受早、午餐的人，加上來買咖啡豆的人，使店裡洋溢著熱鬧氣息。

『Auction Rooms』和烘焙場『Small Batch』，我也在此工作過。

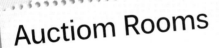

星期四傍晚特別為想學習萃取的民眾開放萃取的時間。

以特種咖啡豆聞名的高人氣咖啡店，使用的濃縮咖啡機是SHINESO公司的HAIDORA。

不僅有濃縮咖啡，還提供滴落式及按壓式咖啡。

以手沖壺沖煮的咖啡，所以一直以來都很喜歡咖啡。

再加上學生時代，曾在大學附近的咖啡廳打工，這是我踏入咖啡領域的契機。之後也在各種店一邊工作，一邊以自學的方式學習有關咖啡及咖啡師相關的知識。

與生俱來挑剔的個性，使我漸漸地投入咖啡的世界，不知何時開始，竟產生想要從事咖啡行業的念頭。

雖然大學畢業前參加了各種求職活動，對於自己要何去何從也覺得很迷惘。但是因為學生時代曾在調和咖啡的拉花比賽中獲得優勝，所以決定從事和咖啡相關的行業。

自從獲得咖啡拉花大賽優勝之後，周圍不斷有聲音要求「可不可以教我」，每當聽見別人如此請求時，心裡總是浮現「自己需要學習更多」的想法。

當時，在SCAJ會場認識且進行訊息交流的toshi君說了「到墨爾本歷練，一定可以成為一個很棒的咖啡師」之類加油打氣的話，於是決定前往墨爾本。

✈ 有關咖啡廳⋯

由於想在咖啡文化根深蒂固的墨爾本體驗咖啡師生活，所以來到墨爾本這個城市。因為之前已經在東京的保羅・巴塞特咖啡廳、西雅圖咖啡及紐約的咖啡廳體驗過，心想：墨爾本的咖啡廳應該也是大致相同的情況。toshi君帶著我走訪了幾家有名的咖啡廳，我立刻了解這裡就是符合我期待的地方。

幾乎所有墨爾本的咖啡廳都提供餐食，我所任職的『The Premises』也不例外。有些咖啡廳位於住宅區，很多人假日時會全家一起到店裡用餐。

Brother BaBaBuden

一天可售出1000杯咖啡，是非常受歡迎的人氣店。在這裡經常能遇見其他店的咖啡師。

Market Lane Coffee

墨爾本咖啡1杯的市場行情為3.5澳幣（1澳幣＝約75日圓）。

The Premises

咖啡中最受歡迎的拿鐵咖啡。所有店家的拿鐵咖啡都是以玻璃杯提供。

即使是用餐時間，大廳的服務人員還是會先問客人要點什麼咖啡。讓客人決定是否點咖啡後，才給客人菜單表，讓客人點餐。而且，用完餐後才點咖啡的人也很多，大都是點拿鐵咖啡或濃黑咖啡。

拿鐵咖啡是以耐熱玻璃杯提供，濃黑咖啡則是雙份濃縮咖啡對應少量熱水而成。和日本人較為習慣的美式咖啡大小不同。因為在澳洲將濃縮咖啡稱為「short black」，相對於此的咖啡則譯為「long black」。

其他，澳洲咖啡還有其獨特的說法。「Flat white」是陶杯裡注入濃縮咖啡和蒸汽牛奶的咖啡，較接近日本的拿鐵咖啡。

澳洲大多數的咖啡廳，以玻璃杯盛裝的就是「咖啡拿鐵」，以陶杯盛裝的就是「Flat white」，這樣的判斷準則，基本上沒有問題。卡布奇諾大都是比較多泡沫，且添加可可亞的傳統喝法。

以3oz大小的玻璃杯盛裝的Piccolo Latte中，約杯子一半1/2（hafe）或3/4（sleek water）的拿鐵等各種不同說法。但這些名稱全都只是前面冠上了代表大小和牛奶量的「拿鐵」二字而已，並沒有「sleek water」這種稱呼的飲品。

基本上，只要了解所有的飲品都是濃縮咖啡＋熱水or牛奶，因熱水和牛奶不同而衍生各種說法的準則後，就能夠理解大部分的咖啡名稱了。

雖然『The Premises』是比較新的店，但假日要售出約280客的餐食，咖啡包含外帶在內，要售出500杯左右。座位數約40席。因為營業時間為早上7點到下午5點，不難想像其熱鬧嘈雜的景象，但卻擁有令人完全放鬆的氣氛，真是不可思議。

『Auction Rooms』也是我工作過的咖啡廳。過一街角就有烘焙場『Small Batch』。新年Victorian Latte Art Comp時的咖啡也是承蒙其提供。

忙碌的周末可以賣出近1000杯的濃縮咖啡飲品，實在是超人氣店。（順便一提，我周末並沒有上班）

我同時也學習了濃縮咖啡以外的萃取方法，如虹吸或手沖等方式。距濃縮咖啡機略遠處的Brew Bar，可以邊喝咖啡邊和正在作業的咖啡師聊天，為了買新鮮豆子而來的客人也很多。

星期四傍晚開始，開放時間讓想學習萃取的民眾參與。很多咖啡師、咖啡愛好者和一般大眾聚集在一起，主要是交換資訊，和一般大眾一起學習的經驗也非常寶貴。

墨爾本有具代表的特種咖啡烘焙店『Seven Seeds』之分店『Brother Baba Budan』，平日可賣出約1000杯的咖啡，是墨爾本市中心數

一數二的人氣咖啡店。

除了販賣咖啡（espresso系列和Clover）之外，就只有擺放簡單的甜點。店內面積狹長，約10坪的空間僅有10席座位和一張八人大桌而已，早晨上班時間和中午休息時間，總是大排長龍。

雖然是很忙的店，但因為聚集了技術一流的咖啡師，所以不管何時進來，都能喝到美味的咖啡。

『Market Lane Coffee』和『Seven Seeds』並列，都是墨爾本提升特種生豆品質的龍頭之一。大本營位於倫敦的Mercanta Coffee Hunters，也兼營咖啡生豆代理商，經常看見其他烘焙商前來洽談的景象。

除了濃縮咖啡為基底的飲品之外，也提供4～5種單一原生豆的滴落式咖啡，每星期四到星期日的早晨，都進行公開的萃取活動。

✈ 有關咖啡師⋯

咖啡師在澳洲屬於專門職業，在咖啡廳負責咖啡、飲料等工作，不負責料理食物。打工的法定基本薪資為每小時15澳幣（1澳幣＝75日圓），但我是從17澳幣起薪，最後調整到每小時為18澳幣。再加上咖啡師被認定為專業職種，是很多人憧憬的行業。咖啡廳大都很忙，所以專業技術中的一貫性最受重視。

「持續出200杯咖啡都不會出錯，能提供同樣美味的拿鐵」就是所謂的一貫性。這其實並不是件容易的事情。

以玻璃杯提供的拿鐵咖啡，牛奶的厚度層必須保持恆定是基本概念。大廳接待顧客的服務生也具有專業認知，所以當發現牛奶層稍微不足時，會退回去說：「請重新做一杯」。因為拿鐵是以玻璃杯盛裝，所以能清楚看見牛奶層的分量。

若有4位客人點了拿鐵，端送時只要發現其中一杯的牛奶份量太少，服務生就不會送出去。維持穩定的一貫性，才能被認定為專業咖啡師。

此外，對咖啡師來說，和客人之間的談話也非常重要，如「哪種咖啡好喝」之類的咖啡對話一定要會。

同樣的，和工作夥伴間的咖啡溝通也很重要。雖然咖啡師的專業技術是必要的，但光有技術並不夠，畢竟，能否提供讓客人感到高興的咖啡，也是對咖啡師的要求。

和客人之間無法進行專業買賣對話的咖啡師，極有可能被開除，畢竟想當咖啡師的人不在少數。

✈ 點滴回憶

我的打工假期在11個月後結束，為了參加9月東京舉辦SCAJ而回國。

雖然可以繼續申請3個月的農場工作來延長一年的打工簽證，但因為在這11個月中，我已經確實地完成了自己想做的事情，所以，為此並不感到後悔。

因為「打工假期」屬於「假期」性質，大部分的人都在自然環境豐富且廣闊的澳洲境內進行旅遊活動。

但我卻連踏出墨爾本城區的次數都寥寥可數，大部分時間幾乎都在工作。我認為旅行或參訪活動只要持觀光簽證就可以進行，但工作卻只能持打工或商業簽證才可以。

我必須在墨爾本的咖啡廳累積工作經驗，至於無法在澳洲旅行一事，我覺得並不是最重要的。

在墨爾本工作約過了2個半月時，從家人寄

來的網路郵件中第一時間得知日本東北發生大地震的消息。

第二天上班時，許多澳洲人也發出關心的聲音。因為自己置身國外，特別能感受到世界各國對日本所做的各種申援舉動，也從所未有地更加體認自己是個日本人的事實。

所以，身在墨爾本的我們思考著：我們能做什麼？於是，討論出以咖啡來進行震災捐款的活動。

其一是我和Toshi君利用公休日開店營業，將販賣所得作為捐贈。另一活動是利用打烊後的時間進行慈善的拉花比賽，會場販賣啤酒等

Rosetta for Relief
Monday28 March
At Market Lane Coffee

傍晚5點開始的慈善活動，大批客人湧入支持。

同事也給我很大的協助，讓活動圓滿成功。

飲品之所得，全額捐贈救災。

這兩項活動所使用的咖啡都是「Market Lane Coffee」的咖啡，啤酒則是當地釀酒廠所提供。

雖然計畫很匆促，卻不影響活動進行，以澳洲咖啡大賽冠軍的咖啡師Matt為首，聚集了許多咖啡師的協助。

而且，許多咖啡廳也陸續貼出海報和放置傳單，雖然公告的時間很短，但許多人都參加了這兩項活動，最後總共募集了＄6800（約58萬日圓）的救援金。

✈ 提醒與建議

對於今後想要到國外從事咖啡師工作的人，或像我一樣利用打工假期去體驗咖啡師工作的人，首先要提醒的是「不要後悔」。一定要先確認「自己為什麼要特意到國外」後再行決定。

打工假期的簽證在網路上辦理，只需兩個鐘頭的時間就可以完成，要去非常簡單。但要先想清楚「為何而去」，絕對不行「去了再說」。

再者，不會說英文也無法工作。就算技術精湛，能拉出漂亮的圖案，但最重要的是咖啡師必須是專業銷售員。

在相同的技術條件下，老闆絕對不會錄取對英文一知半解的人，甚至連展現精湛技巧的機會都沒有。

就算錄取後也不可自傲，要抱持著「代表日本咖啡師」的心情工作。因為Toshi君在墨爾本工作努力，讓當地人對日本人存有好的印象，託他之福，我才會被錄用。

我也應該為後續的人著想，認真地工作。因為打工簽證期限僅有一年，或許會因為這也想做，那也想做而顯得焦躁不安，但要特別注意，千萬別因此而自私自利。

要喜歡和你一起工作的夥伴，要喜歡來店裡的客人，請以店裡的營利為第一考量。這一點或許聽起來很嚴苛，但如果對店裡一點貢獻都沒有，很快就會被炒魷魚。領取高時薪，就必須回報對等的工作內容，這是對咖啡師的要求。雖然是來打工的外國人，但工作絕對不輕鬆。

墨爾本的咖啡師層次很高，每人都持續不斷進修著，因此，我也懷抱著不斷學習、不斷精進的精神。將這種精神帶回國內是我此次打工假期的最大收穫。

※大西正紘 部落格「Just for Fun」
花了5年時間記錄下有關咖啡、咖啡師，以及自己的所見所聞。

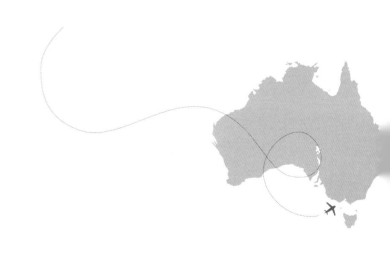

SUPER BARISTA BOOK

頂級咖啡師的極致追求 自家焙煎篇

SUPER BARISTA BOOK

頂級咖啡師的極致追求
自家焙煎篇

21x29cm   104 頁

彩色   定價 380 元

■ 收錄 18 家自行焙煎的特色咖啡店!

■ 深度訪問!咖啡達人的專業見解,以較高的視點帶領大家觀察咖啡產業。

■ 卷頭特別專訪 2008 年西雅圖花式拉花冠軍 - 澤田洋史

專業咖啡師都這樣煮咖啡
來認識自家烘焙的特色咖啡店吧!

　　Barista一詞可譯為咖啡師或咖啡調理師,在國外,星巴克亦是使用Barista來稱呼其員工,而知名連鎖咖啡店『西雅圖極品咖啡』,更是以此為名。在日本的Barista,秉持精益求精的精神,除了萃取拿捏非常精準之外,對咖啡豆亦非常講究。不論是自己學著焙煎豆子,或是與焙煎師密切合作,對於瞭解咖啡豆的特質都相當有幫助。甚至還有人直接探訪產地,去咖啡農莊進行咖啡豆的品選。

　　翻開本書,一起來看看,這些來自日本的Barista,對於焙煎咖啡的獨到見解吧!

　　本書收錄多位著重於進行自家烘焙的咖啡師,藉由第一手的訪問,記錄他們烘焙、萃取的學習經過以及開店理念,並且分享各種製作咖啡上的技巧與小訣竅。一般而言,咖啡調理師並不一定要自己動手焙煎,不論是藉由和烘焙師密切合作,或是親手學著烘焙,只要能夠了解各種咖啡豆獨有的美味,對於調製咖啡會有更深的體悟。

　　為了要推廣美味的咖啡,書中收錄各種咖啡調理師愛用的咖啡豆,除了紀錄它們獨有的口感之外,該如何實際應用在咖啡製作也有說明。例如:ESPRESSO BLEND在夏天加入曼特寧來增添辛辣味,春天則加入瓜地馬拉,增添甘甜的花香味。依循四季變化口感。在咖啡製作技巧方面,書中搭配圖解,STEP BY STEP的介紹樂壓壺的使用方法,以及咖啡師愛用的工具也都有收錄。

TITLE

頂級咖啡師 專業養成研習

STAFF

出版	瑞昇文化事業股份有限公司
編著	永瀨正人
譯者	蔣佳珈
總編輯	郭湘齡
責任編輯	王瓊苹
文字編輯	林修敏　黃雅琳
美術編輯	謝彥如
排版	二次方數位設計
製版	明宏彩色照相製版股份有限公司
印刷	皇甫彩藝印刷股份有限公司
法律顧問	經兆國際法律事務所　黃沛聲律師
代理發行	瑞昇文化事業股份有限公司
地址	新北市中和區景平路464巷2弄1-4號
電話	(02)2945-3191
傳真	(02)2945-3190
網址	www.rising-books.com.tw
e-Mail	resing@ms34.hinet.net
劃撥帳號	19598343
戶名	瑞昇文化事業股份有限公司
初版日期	2013年9月
定價	380元

國家圖書館出版品預行編目資料

頂級咖啡師專業養成研習 /
永瀨正人編著；蔣佳珈譯.
-- 初版. -- 新北市：瑞昇文化，2013.08
104面：21×29公分
譯自：Super barista book. vol.2
ISBN 978-986-5957-83-4 (平裝)
1.咖啡

427.42　　　　　　　　　　　　　102015624